高等院校美术·设计
专业系列教材

U0592613

BASIC METALSMITHING FOR
JEWELRY PRODUCTS

首饰起版·基础制作

帅 斌 林钰源 总主编

袁塔拉 周若雪 编著

SPM
南方传媒

岭南美术出版社

中国·广州

图书在版编目（CIP）数据

首饰起版·基础制作 / 帅斌，林钰源总主编；袁塔拉，周若雪编著. —广州：岭南美术出版社，2022.7
大匠：高等院校美术·设计专业系列教材
ISBN 978-7-5362-7504-1

Ⅰ.①首… Ⅱ.①帅… ②林… ③袁… ④周… Ⅲ.①首饰—制作—高等学校—教材 Ⅳ.①TS934.3

中国版本图书馆CIP数据核字(2022)第101220号

出 版 人：刘子如
总 策 划：刘向上
责任编辑：郭海燕　王效云
责任技编：谢　芸
责任校对：司徒红
装帧设计：黄明珊　罗　靖　黄金梅
　　　　　朱林森　黄乙航　盖煜坤
　　　　　徐效羽　郭恩琪　石梓洳
　　　　　邹　晴
　　　　　友间文化

首饰起版·基础制作
SHOUSHI QI BAN · JICHU ZHIZUO

出版、总发行：岭南美术出版社（网址：www.lnysw.net）
　　　　　　　（广州市天河区海安路19号14楼　邮编：510627）
经　　　销：全国新华书店
印　　　刷：东莞市翔盈印务有限公司
版　　　次：2022年7月第1版
印　　　次：2022年7月第1次印刷
开　　　本：889 mm×1194 mm　1/16
印　　　张：9.25
字　　　数：213.2千字
印　　　数：1—1000册
ISBN 978-7-5362-7504-1
定　　　价：78.00元

《大匠——高等院校美术·设计专业系列教材》

/ 编 委 会 /

总 主 编： 帅　斌　林钰源

编　　委： 何　锐　佟景贵　金　海　张　良　李树仁

董大维　杨世儒　向　东　袁塔拉　曹宇培

杨晓旗　程新浩　何新闻　曾智林　刘颖悟

尚　华　李绪洪　卢小根　钟香炜　杨中华

张湘晖　谢　礼　韩朝晖　邓中云　熊应军

贺锋林　陈华钢　张南岭　卢　伟　张志祥

谢恒星　陈卫平　尹康庄　杨乾明　范宝龙

孙恩乐　金　穗　梁　善　华　年　钟国荣

黄明珊　刘子如　刘向上　李国正　王效云

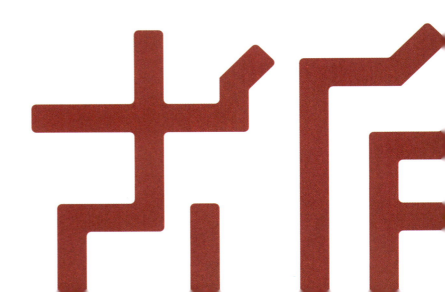

序一 『大匠』本位，设计初心

对于每一位从事设计艺术教育的人士而言，"大国工匠"这个词汇都不会陌生，这是设计工作者毕生的追求与向往，也是我们编写这套教材的初心与夙愿。

所谓"大匠"，必有"匠心"，但是在我们的追求中，"匠心"有两层内涵，其一是从设计艺术的专业角度看，要具备造物的精心、恒心，以及致力于在物质文化探索中推陈出新的决心。其二是从设计艺术教育的本位看，要秉承耐心、仁心，以及面对孜孜不倦的学子时那永不言弃的师心。唯有"匠心"所至，方能开出硕果。

作为一门交叉学科，设计艺术既有着自然科学的严谨规范，又有着人文社会科学的风雅内涵。然而，与其他学科相比，设计艺术最显著的特征是高度的实用性，这也赋予了设计艺术教育高度职业化的特点，小到平面海报、宣传册页，大到室内陈设与建筑构造，无不体现着设计师匠心独运的哲思与努力。而要将这些"造物"的知识和技能完整地传授给学生，就必须首先设计出一套可供反复验证并具有高度指导性的体系和标准，而系列化的教材显然是这套标准最凝练的载体。

对于设计艺术而言，系列教材的存在意义在于以一种标准化的方式将各个领域的设计知识进行系统性的归纳、整理与总结，并通过多门课程的有序组合，令其真正成为解决理论认知、指导技能实践、提高综合素养的有效手段。因此，表面上看，它以理论文本为载体，实际上却是以设计的实践和产出为目的，古人常言"见微知著"，设计知识和技能的传授同样如此。为了完成一套高水平的应用性教材的编撰工作，我们必须从每一门课程开始逐一梳理，具体问题具体分析，如此才能以点带面、汇聚成体。然而，与一般的通识性教材不同，设计类教材的编撰必须紧扣具体的设计目标，回归设计的本源，并就每一个知识点的应用性和逻辑性进行阐述。即使在讲述综合性的设计原理时，也应该以具体实践项目为案例，而这一点，也是我们在深圳职业技术学院近30年的设计教育实践中所奉行的一贯原则。

例如在阐述设计的透视问题时，不能只将视野停留在对透视原理的文字性解释上，而是要旁征博引，对透视产生的历史、来源和趋势进行较为全面的阐述，而后再辅以建筑、产品、平面设计领域中的具体问题来详加说明，这样学生就不会只在教材中学到单一枯燥的理论知识，而是能通过恰当的案例和具有拓展性的解释进一步认识到知识的应用场景。如果此时导入适宜的习题，将会令他们得到进一步的技能训练，并有可能启发他们举一反三，联想到自己在未来职业生涯中可能面对的种种专业问题。我们坚持这样的编写方式，是因为我们在学校的实际教学中正是以"项目化"为引领去开展每一个环节及任务点的具体设计的。无论是课程思政建设还是金课建设，均是如此。而这种教学方式的形成完全是基于对设计教育职业化及其科学发展规律的高度尊重。

提到发展规律问题，就不能绕过设计艺术学科的细分问题，随着今天设计艺术教育的日趋成熟，设计正表现出越来越细的专业分类，未来必定还会呈现出进一步的细分。因此，我希望我们这套教材的编写也能够遵循这种客观规律，紧跟行业动态发展趋势，并根据市场的人才需求开发出越来越多对应的新型课程，编写更多有效、完备、新颖的配套教材，以帮助学生们在日趋激烈的就业环境中展现自身的价值，帮助他们无缝对接各种类型的优质企业。

职业教育有着非常具体的人才培养定位，所有的课程、专业设置都应该与市场需求相衔接。这些年来，我们一直在围绕这个核心而努力。由于深圳职业技术学院位处深圳，而深圳作为设计之都，有着较为完备的设计产业及较为广泛的人才需求，因此我们学院始终坚持着将设计教育办到城市产业增长点上的宗旨，努力实现人才培养与城市发展的高度匹配。当然，做到这种程度非常不容易，无论是课程的开发，还是某门课程的教材编写，都不是一蹴而就的。但是我相信通过任课教师们的深耕细作，随着这套教材的不断更新、拓展及应用，我们一定会有所收获，为师者若要以"大匠"为目标，必然要经过长年累月的教学积累与潜心投入。

历史已经充分证明了设计教育对国家综合实力的促进作用，设计对今天的世界而言是一种不可替代的生产力。作为世界第一的制造业大国，我国的设计产业正在以前所未有的速度向前迈进，国家自主设计、研发的手机、汽车、高铁等早已声名在外，它们反映了我国在科技创新方面日益增强的国际竞争力，这些标志性设计不但为我国的经济建设做出了重要贡献，还不断地输出着中国文化、中国内涵，令全世界可以通过实实在在的物质载体认识中国、了解中国。但是，我们也应该看到，为了保持这种积极的创造活力，实现具有可持续性的设计产业发展，最终实现从"中国制造"向"中国智造"的转型升级，令"中国设计"屹立于世界设计之林，就必须依托于高水平设计人才源源不断的培养和输送，这样光荣且具有挑战性的使命，作为一线教师，我们义不容辞。

"大匠"是我们这套教材的立身本位，为人民服务是我们永不忘怀的设计初心。我们正是带着这种信念，投入每一册教材的精心编写之中。欢迎来自各个领域的设计专家、教育工作者批评指正，并由衷希望与大家共同成长，为中国设计教育的未来做出更多贡献！

帅　斌
深圳职业技术学院教授、艺术设计学院院长
2022年5月12日

序二 致敬工匠

能否"造物"，无疑是人与其他动物之间最大的区别。人能"造物"而别的动物不能"造物"。目前我们看到的人类留下的所有文化遗产几乎都是人类的"造物"结果。"造物"从远古到现代都离不开"工匠"。"工匠"正是这些"造物"的主人。"造物"拉开了人与其他动物的距离。人在"造物"之时，需要思考"造物"所要满足的需求和满足需求的具体可行性方案，这就是人类的设计活动。在"造物"的过程中，为了能够更好地体现工匠的"匠意"，往往要求工匠心中要有解决问题的巧思——"意匠"。这个过程需要精准找到解决问题的点子和具体可行的加工工艺方法，以及娴熟驾驭具体加工工艺的高超技艺，才能达成解决问题、满足需求的目标。这个过程需要选择合适的材料，需要根据材料进行构思，需要根据构思进行必要的加工。古代工匠早就懂得因需选材，因材造意，因意施艺。优秀工匠在解决问题的时候往往匠心独运，表现出高超技艺，从而获得人们的敬仰。

在这里，我们要向造物者——"工匠"致敬！

一、编写"大匠"系列教材的初衷

2017年11月，我来到广州商学院艺术设计学院。我发现当前很多应用型高等院校设计专业所用教材要么沿用原来高职高专的教材，要么直接把学术型本科教材拿来凑合着用。这与应用型高等院校对教材的要求不相适应。因此，我萌发了编写一套应用型高等院校设计专业教材的想法。很快，这个想法得到各个兄弟院校的积极响应，也得到岭南美术出版社的大力支持，从而拉开了编写《大匠——高等院校美术·设计专业系列教材》（以下简称"大匠"系列教材）的序幕。

对中国而言，发展职业教育是一项国策。随着改革开放进一步深化和中国制造业的迅猛发展，中国制造的产品已经遍布世界各国。同时，中国的高等教育发展迅猛，但中国的职业教育却相对滞后。近年来，中国才开始重视职业教育。2014年李克强总理提道："发展现代职业教育，是转方式、调结构的战略举措。由于中国职业教育发展不够充分，使中国制造、中国装备质量还存在许多缺陷，与发达国家的高中端产品相比，仍有不小差距。'中国制造'的差距主要是职业人才的差距。要解决这个问题，就必须发展中国的职业教育。"

艺术设计专业本来就是应用型专业。应用型艺术设计专业无疑属于职业教育，是中国高等职业教育的重要组成部分。

艺术设计一旦与制造业紧密结合，就可以提升一个国家的软实力。"中国制造"要向"中国智造"转变，需要中国设计。让"美"融入产品成为产品的附加值需要艺术设计。在未来的中国品牌之路上，需要大量优秀的中国艺术设计师的参与。为了满足人民群众对美好生活的向往，需要设计师的加盟。

设计可以提升我们国家的软实力，可以实现"美是一种生产力"，有助于满足人民群众对美好生活的向往。在中国的乡村振兴中，我们看到设计发挥了应有的作用。在中国的旧改工程中，我们同样看到设计发挥了化腐朽为神奇的效用。

没有好的中国设计，就不可能有好的中国品牌。好的国货、国潮都需要好的中国设计。中国设计和中国品牌都来自中国设计师之手。培养优秀设计人才无疑是我们的当务之急。中国现代高等教育艺术设计人才的培养，需要全社会的共同努力。这也正是我们编写这套"大匠"系列教材的初衷。

二、冠以"大匠"，致敬"工匠精神"

这是一套应用型的美术·设计专业系列教材，之所以给这套教材冠以"大匠"之名，是因为我们高等院校艺术设计专业就是培养应用型艺术设计人才的。用传统语言表达，就是培养"工匠"。但我们不能满足于培养一般的"工匠"，我们希望培养"能工巧匠"，更希望培养出"大匠"，甚至企盼培养出能影响一个时代和引领设计潮流的"百年巨匠"，这才是中国艺术设计教育的使命和担当。

"匠"字，许慎《说文解字》称："从匚，从斤。斤，所以做器也。"匚指筐，把斧头放在筐里，就是木匠。后陶工也称"匠"，直至百工皆以"匠"称。"匠"的身份，原指工人、工奴，甚至奴隶，后指有专门技术的人，再到后来指在某一方面造诣高深的专家。由于工匠一般都从实践中走来，身怀一技之长，能根据实际情况，巧妙地解决问题，而且一丝不苟，从而受到后人的推崇和敬仰。鲁班，就是这样的人。不难看出，传统意义上的"匠"，是具有解决问题的巧妙构思和精湛技艺的专门人才。

"工匠"，不仅仅是一个工种，或是一种身份，更是一种精神，也就是人们常说的"工匠精神"。"工匠精神"在我看来，就是面对具体问题能根据丰富的生活经验积累进行具体分析的实事求是的科学态度，是解决具体问题的巧妙构思所体现出来的智慧，是掌握一手高超技艺和对技艺的精益求精的自我要求。因此，不怕面对任何难题，不怕想破脑壳，不怕磨破手皮，一心追求做到极致，而且无怨无悔——工匠身上这种"工匠精神"，是工匠获得人们敬佩的原因之所在。

《韩非子》载："刻削之道，鼻莫如大，目莫如小，鼻大可小，小不可大也。目小可大，大不可小也。"借木雕匠人的木雕实践，喻做事要留有余地，透露出"工匠精神"中也隐含着智慧。

民谚"三个臭皮匠，赛过一个诸葛亮"，也在提醒着人们在解决问题的过程中集体智慧的重要性。不难看出，"工匠精神"也包含了解决问题的智慧。

无论是"垩鼻运斤"还是"游刃有余"，都是古人对能工巧匠随心所欲的精湛技术的惊叹和褒扬。

一个民族，不可以没有优秀的艺术设计者。

人在适应自然的过程中，为了使生活变得更加舒适、惬意，是需要设计的。今天，在我们的生活中，设计已无处不在。

未来中国设计的水平如何，关键取决于今天中国的设计教育，它决定了中国未来的设计人员队伍的整体素质和水平。这也是我们编写这套"大匠"系列教材的动力。

三、"大匠"系列教材的基本情况和特色

"大匠"系列教材，明确定位为"培养新时代应用型高等艺术设计专业人才"的教材。

教材编写既着眼于时代社会发展对设计的要求，紧跟当前人才市场对设计人才的需求，也根据生源情况量身定制。教材对课程的覆盖面广，拉开了与传统学术型本科教材的距离。在突出时代性的同时，注重应用性和实战性，力求做到深入浅出，简单易学，让学生可以边看边学，边学边用。尽量朝着看完就学会，学完就能用的方向努力。"大匠"系列教材，填补了目前应用型高等艺术设计专业教材的阙如。

教材根据目前各应用型高等院校设计专业人才培养计划的课程设置来编写，基本覆盖了艺术设计专业的所有课程，包括基础课、专业必修课、专业选修课、理论课、实践课、专业主干课、专题课等。

每本教材都力求篇幅短小精练，直接以案例教学来阐述设计规律。这样既可以讲清楚设计的规律，做到深入浅出，易学易懂，也方便学生举一反三。大大压缩了教材篇幅的同时，也突出了教材的实践性。

另外，教材具有鲜明的时代性。重视课程思政，把为国育才、为党育人、立德树人放在首位，明确提出培养为人民的美好生活而设计的新时代设计人才的目标。

设计当随时代。新时代、新设计呼唤推出新教材，"大匠"系列教材正是追求适应新时代要求而编写。重视学生现代设计素质的提升，重视处理素质培养和设计专业技能的关系，重视培养学生协同工作和人际沟通能力。致力培养学生具备东方审美眼光和国际化设计视野，培养学生对未来新生活形态有一定的预见能力。同时，使学生能快速掌握和运用更新换代的数字化工具。

因此，在教材中力求处理好学术性与实用性的关系，处理好传承优秀设计传统和时代发展需要的创新关系。既关注时代设计前沿活动，又涉猎传统设计经典案例。

在主编选择方面，我们发挥各参编院校优势和特色，发挥各自所长，力求每位主编都是所负责方面的专家。同时，该套教材首次引入企业人员参与编写。

四、鸣谢

感谢岭南美术出版社领导们对这套教材的大力支持！感谢各个参加编写教材的兄弟院校！感谢各位编委和主编！感谢对教材进行逐字逐句细心审阅的编辑们！感谢黄明珊老师设计团队为教材的形象，包括封面和版式进行了精心设计！正是你们的参与和支持，才使得这套教材能以现在的面貌出现在大家面前。谢谢！

林钰源

华南师范大学美术学院首任院长、教授、博士生导师

2022年2月20日

前　言

　　人类佩戴首饰的行为可以追溯到石器时代，考古发现中以骨、角、贝等材料为主的饰物，体现了人类对美的最初追求，也是人类文明发展的印记。金属作为首饰制作的常用材料，在中国传统的黄金饰品中扮演了重要的角色。在当下，从材料、工艺和文化等层面也属于较典型的艺术品。这些首饰饰品有故事，是特定时代人类发展的产物、文化历史的载体，承载了中国传统首饰制作工艺中高超的技艺，是大国工匠的最高体现。

　　随着全球科技、经济、文化和艺术的发展与交流，当下首饰的概念和视觉形态呈现了这个时代的显著特征。首饰的设计、制作与成型的方法也随着新思维及表达方式的出现，具有更多元化的特点。但传统工艺依然有它的魅力，在学习必要的基础工艺之后，可以继续在试验探索的路上，寻找传统工艺的当代表达。

　　本书是首饰制作的基础性教材，内容以首饰起版制作流程为主，从材料认识到工具选择与操作，再到样品制作，最后是综合制作。全书由三部分组成。第一部分主要介绍基础工艺，从材料介绍、锯切、钻孔、锉修、压片拉丝和表面处理等方面，有顺序地通过操作案例详细解释每个工艺流程的原理和工具设备的使用功能等。第二部分主要介绍连接工艺，焊接和铆接作为连接工艺，在起版过程中最大限度地提高了塑形的自由度。在完成前面两个部分的学习后，延伸至第三部分的金属成型，通过主题设计的综合制作案例全面演示完整的首饰制作案例。

　　本书以入门传统工艺为根本，工艺在首饰概念与实物之间充当桥梁的作用，是创意输出的途径。将基础工艺作为专业技能训练的学习切入点，不仅可以培养学生的工艺制作动手能力，同时激发学生的实践探索的原动力。在工艺学习探索路上行走，既是对传统工艺的继承和发扬，也是对工艺表达的突破与创新，激发新生代的首饰创作人的创作动力，制作出更具时代特征的首饰作品。

　　本次教材编写时间较为仓促，编者也在不断地探索和研究首饰工艺，书中尚有不足与疏漏，望各位专家前辈、同人批评指正。

编者
2022年3月

目　录

1

第一章

基础工艺

章节前导
Chapter Preamble

　　首饰起版作为首饰设计从概念到产品的一个重要环节，是设计从虚到实的转化过程。在当今科技、经济、文化与艺术快速发展的背景下，首饰的面貌也在日新月异的变化中慢慢蜕变，而传统工艺作为首饰制作的根基，继续在当代的创新运用中发展和传承。本章主要介绍不同类别和概念的首饰，并介绍相应的代表性艺术家与设计师的作品理念。在了解了首饰的多元化表现方式后，以基础制作工艺流程为主线，将基础工艺的工具和操作通过案例和练习展开讲解，有效地将理论知识与操作练习相结合。

首饰起版是首饰生产制作中一个专业词语，它更多的是被赋予生产性的定义。一般商业首饰在设计定稿后，为了验证设计的可行性，会通过两种方式来制作首版，一种是雕蜡起版，另一种是手工起版。雕蜡起版是通过蜡材雕刻出所设计的首饰，并通过蜡铸造来翻金属模，接着进行执模、打磨、抛光、镶嵌和电镀等一系列工序完成制作。手工起版是通过银板材和线材制作首版。除定制以外，这两种起版方式在后续的生产需求下，都以量产化为目的。

本书力图将这个定义拓展开来，使其在内容上更富多元性。当代首饰的发展，使首饰的形式前所未有的丰饶，在概念、材料、造型、工艺等方面突破传统的范畴。首饰是与身体联系比较紧密的物件，首饰的存在可以说与人类史有密切的关系。随着人类社会的发展，首饰的形式呈现出每个时期应有的特点。从人性的根本出发，首饰对于几乎所有的民族来说，具有多样性，包含对神明的敬畏、图腾的崇拜、身份的象征、审美的需求、财富的渴望、情感的诉说及观念的表达等。首饰发展到今天，有着前所未有的广度与宽度，每一个新的观念与形式的诞生都与对应阶段的社会发展现状有密切的关系。

对于首饰的历史演变，传统首饰有它存在的历史价值，是首饰发展历程中不可或缺的一部分。不管当下首饰的观念和形式是何等的前卫，也终将成为未来的历史，每一个阶段的发展都有其历史必然性。让我们站在前人的肩膀上，从当下出发，探索前方未知的无限可能。

当代艺术在中国蓬勃发展之后，为当代首饰的发展营造了一个大环境。在首饰领域，当代首饰也变得越来越为人熟知。在国外，首饰的类别有各种不同的名称，如当代首饰、艺术首饰、工作室首饰等。这些名称大多都是为了与传统首饰做区分，突出新的理念。"当代"这个词非常有意思，如果从字面意思来理解，它是一个时间概念，有别于现代与后现代，包含当下这个时代所发生的一切，它是当代艺术大环境的产物。当代人对于首饰的需求必定有这个时代的特征，以下大致列举一二做相应的介绍，如商业珠宝首饰、时尚饰品首饰、当代艺术首饰等。

商业珠宝首饰多选用贵重宝石与贵金属作为珠宝的主要材料，高级定制珠宝更是采用高品质的宝石材料与贵金属材料或是创新研发的金属合金材料，因材料稀有而具有较高的物料价值，再经过设计师的设计与工艺师的手工打造，成为孤品。高级珠宝本身对材料和工艺的要求是比较高的，需要珠宝匠人手工打造，工艺复杂，耗时较长，制作成本高，仅为小众所能购置。在高级珠宝领域中，陈世英是国际知名珠宝雕刻艺术家，通过陈世英的珠宝作品，能深刻体会到他对珠宝创作具有极大热忱，在材料的研究、工艺的创新、作品的寓意等方面都有着深刻的个人哲思和艺术表达。他一直走在创新的路上，"世英切割"、宝石镶嵌技术、翡翠切割润光专利技术、钛金属在珠宝首饰中的运用、"世英陶瓷"等发明都在推动珠宝工艺的创新发展。钛金属在珠宝首饰中的运用是陈世英多年的研发成果，由于其轻并且硬度大，又便于做着色处理，众多优点都很吸引人，但钛金属不利于铸造，为了攻克这个难点，陈世英经过近十年的研发才突破了钛金属材料的特有属性，将其运用于珠宝制作，陈世英对珠宝行业的发展起了很大的推动作用。

时尚饰品首饰，更多的是与服装联系紧密。时尚饰品的范畴里不止有首饰，还包括手袋、眼镜、皮带等。这些饰品使服装的整体效果更丰富。在时尚饰品领域有一位先锋设计师肖恩·莱恩（Schaun Leane），他是英国珠宝设计师，1993年成立同名品牌。莱恩是传统珠宝学徒出身，是一名接受过正规训练的金匠。他在学徒生涯中修复过维多利亚风格、新艺术风格、装饰艺术风格的古董珠宝。1992年，他开始与亚历山大·麦昆（Alexander McQueen）合作，此后两人在长达17年的合作中，互相影响、共同创作出超过30件作品，并在纽约大都会艺术博物馆的"亚历山大·麦昆：野蛮之美"展览上展出。这些大型的配饰是艺术吗？是时尚吗？是首饰吗？这里的界限非常模糊，紧身胸衣这件作品将他推到了时尚珠宝商的地位，他后来成立的时尚配饰品牌的首饰，含有他大量穿戴首饰作品的造型元素。

艺术首饰也多以当代艺术首饰被熟知，当代首饰在观念、材料、造型、功能和工艺上都与传统印象中的首饰有很大区别。当代首饰在观念上更多元化，更强调社会化的个人观念与情感表达。社会化是指人作为个体与所生存的环境联系，人类从群居生活开始形成集群化，经过漫长的发展历程构建了我们现在这个社会体系，在这个发展历程中社会的体制化、商业化、全球化等都不可避免地影响着每个人，每一个个体也对这个大环境所发生的一切有不同的感悟。当代首饰的观念表达更多地体现艺术家和设计师对个体与社会、传统与当代的哲思。首饰不再局限于传统的装饰性含义。在材料上，不再如传统首饰局限于材料的固有价值，当代首饰的材料运用非常广泛，如木、纸、塑料、硅胶、树脂、陶瓷、现成物等，几乎没有限制，只要符合个人艺术表达即可，材料的视觉语言也通过艺术家的实验不断地被拓展延伸，使材料超出人们固有的认知印象。从造型上看，当代首饰突破了传统首饰精致美感的固有标准，不只关乎美与丑，美不是唯一的标准，作品的造型是为了更充分地表达观念，更强调艺术家的个性化艺术性语言，甚至可以完全抛开首饰的固有形态，不一定具备佩戴功能，或者以其他的艺术形式来呈现首饰的概念。这种实验性表达在当代首饰的范畴里开发度极高。从功能上看，当代首饰不像传统首饰赋予佩戴者权力、地位和财富的象征性功能，当代首饰更广泛的功能是信息传递。作品可以传达艺术家的个人情感表达、对社会话题的批判、对价值观念的反思、对生命的感悟等，这些信息都融入作品中，当佩戴者与作品接触，他们会从作品中得到不同角度和深度的解读。从工艺上看，当代首饰的制作，更多地体现出实验性，这也跟当代首饰对材料的广泛接纳有很大关系，不同的材料有不同的工艺使其成型。而材料与工艺这两者在不断的实验过程中，必然会产生有别于传统工艺所呈现的作品形态，工艺结合材料是将作品视觉化的一个方法。在当代首饰中，一件作品如果是以工艺创新为出发点，它不一定是对高超工艺的再现，但是一定是在工艺的原理之上，用富有探索性的角度去实验，从而呈现出有别于传统工艺的新作品形态。

艺术家奥托·昆泽里（Otto Künzli）是首饰艺术界备受争议的艺术家之一，这位旅居慕尼黑的艺术家创作了一些富有多元解读性的作品，革新了当代艺术首饰。他在尊重首饰原有的"身体的装饰"功能的同时，实验性地打破了首饰的规范界限，质疑传统首饰在制作材料上的价值性取向，颠覆首饰的社会象征性标志，谴责珠宝作为财富的炫耀。他的作品《黄金使我们盲目》取名富有批判性，作品中，一颗金球被塞在黑色的橡胶管里，我们只能看到橡胶管内有个凸起的小球，无法一眼看出那是一颗金球。昆泽里在The Book里写道："黄金可能足以象征一切东西，太阳、无限、神圣，但是澳大利亚的原住民却智慧地说出：你不能吃它，所以请把它留在原来的地方。但它总是从黑暗中来，从石头、山峦中出现，代表着光明，这样的矛盾吸引着我，所以我想让它再次回到黑暗中。"昆泽里的作品颇有极简主义风范，他引用文化现象，利用隐喻与图像的力量，批判性地表达现代社会化的现象。

艺术家汉斯·巴克（Gijs Bakker）是荷兰国宝级设计师，也是后现代主义思潮的推动者，曾接受珠宝和工业设计的训练。他的设计涵盖了珠宝、家具配件和家用电器、家具、室内设计，公共空间和展览等范畴。他的职业生涯一直走在革命性的路上，他用审视的眼光观察着这个社会大熔炉。在巴克

的 "Holysport" 系列别针首饰中，他讥讽了人对体育以及对体育明星的崇拜。在巴克创作首饰的40多年里，作品远远超出了首饰只是作为饰品的范畴，而是更具讽刺意味地对权威和社会现象进行反思。比如他在2001年的关于"男人爱车"的胸针系列首饰中，将珍贵的水晶外形打磨得如同舌头一般，从同样象征奢华的附加品Furman跑车的前车盖里伸出来，让人联想到对奢华与物质嗤之以鼻的扮鬼脸表情。他的作品被认为是设计界非常规的典范，兼具现代主义与简约主义同时结合了荒谬的幽默感。

当代首饰的发展，给我们提供了一个全新的思维方式去看待首饰，首饰不再局限于小而孤立的范畴，它将与艺术的其他门类不断地交织繁衍。新生代的首饰艺术家与设计师将延续前辈的探索之路，不断地前行，不断地将首饰的边界拓展，创作出更多富有哲思与情感的首饰。

第一节　材料介绍

在艺术创作和设计领域中，表现艺术的形式，其实与材料关系紧密，首饰的创作与制作也一样。传统上用于制作首饰的材料中，金属材料是主要材料之一。在制作之前对材料基本属性的特点有深入的认识，在制作中能更好地把控材料，使作品更富有表现力。

一般金属可分为两类：铁类金属与非铁类金属。铁类金属主要以铁与其他合金为主，主要用于工业；非铁类金属又可细分为贵金属与贱金属，贵金属与贱金属按不同配比熔炼成各种类型的合金，用于不同类别首饰的制作，如黄金、黄铜、青铜、紫铜、玫瑰金等。（图1-1）

| 黄金 | 黄铜 | 青铜 | 紫铜 | 玫瑰金 |

图1-1　不同金属的色泽

一、贵金属

贵金属包括金、银、铂族（铂、钯、铑等）。铂金是世界上极稀有的金属之一，世界上铂金的年产量约为黄金的1/20。金和铂的年产量稀少，具有稳定的化学性质、抗氧化与抗腐蚀等优良特性，价格昂贵，多用于贵重珠宝首饰制作。银产量相对更丰富，价值相对便宜，有高度的可塑性和良好的加工性，深受首饰设计师和工艺师青睐。

1. 纯金（Gold）

金是一种金属元素，化学符号Au，原子序数79，熔点1064.43℃，密度19.32g/cm³。

金的单质在室温下为固体，光泽亮、质地软、密度大、抗腐蚀。金与大部分化学物质不发生化学反应，稳定性好，但可以被王水溶解。金的延展性是已知金属中最高的，可压成金箔、磨成金粉。1g黄金可以打制成约0.5m²的纯金箔纸，厚度为0.12um。俗称的纯金，贵金属含量不低于99%的纯度，主要用于货币、珠宝和艺术品。（图1-2至图1-4）

图1-2　纯金块

图1-3　纯金箔

图1-4　原生金矿

黄金用于制作器物和饰品的历史源远流长，经考古发掘，最早的黄金首饰可以追溯到商周时期。北京故宫博物院的藏品中，明清时期的首饰器物可见制作工艺之精。以"万寿无疆"杯盘为例，这套金质杯盘为清宫内务府造办处所制，杯身錾刻行龙、缠枝莲纹、海水纹等，杯耳左右以"万寿"和"无疆"镂空篆字为主体造型，杯耳上部为莲花托镶大珍珠，杯耳尾部有灵芝纹。托盘錾缠枝莲，四方镶嵌4颗珍珠，盘内平底，錾有8朵莲花，其中4朵镶嵌珍珠为花心，中间为隆起圆形錾有龙纹的杯座。（图1-5）

金嵌珠宝圆花为清代妇女的头上饰品，金质底托上镶嵌随形祖母绿、红宝石与珍珠，圆花中心镶嵌一颗近方形祖母绿，颜色清新，肉眼可见宝石内部包裹体，外围镶嵌两圈较小随形祖母绿与红宝石，红绿相间，最外嵌一圈珍珠，提亮整体色调。（图1-6）

图1-5　金嵌珠"万寿无疆"杯盘　藏于北京故宫博物院

图1-6　金嵌珠宝圆花　藏于北京故宫博物院

随着时代与科技的发展，黄金在商业首饰中的运用有了日新月异的发展。目前中国已成为全球最大的黄金首饰生产加工国与消费国，各大知名珠宝首饰品牌都有黄金首饰产品，高新科技的融入给黄金珠宝饰品带来更多的设计空间，也大大地提高了生产效率。（图1-7）

图1-7　金手镯

2. K金（Karat Gold）

K金，黄金合金，K为外来语 Karat。纯金由于质地太软，容易磨损变形，为了加强纯金的硬度，人们将纯金与一定比例的银、铜等金属制成合金，既增加了硬度，又能产生丰富的色泽。为了控制K金品质，黄金合金中所含黄金比例有固定的标准，并制定了相应的K金制度，K金制是国际流行的黄金计量标准。（表1-1）

表1-1 K金的基本属性

金属类型	合计比例	颜色	熔点
24K金	999分金	金黄	1063℃
22K金	920分金（合金含银和铜）	深黄色	965℃～980℃
18K金	760分金（合金含银、铜、锌和钯）	黄色、红色、白色、绿色	875℃～1315℃
14K金	585分金（合金含银、钯、铜和锌）	黄色、白色	830℃～1300℃
9K金	375分金	淡黄色、红色、白色	880℃～960℃

24K金为足金的成色，纯金，即100%，故而1K的含量为4.16%，颜色金黄，质地较软。近年市面上的3D和5D硬千足金使得24K金在保有金黄色泽的情况下，硬度更大，更耐磨损，更适用于镶嵌首饰的制作。22K金的黄色是最理想的色调，22K金对于首饰制作来说太软，但它的延展性较好，是镶嵌高脆性宝石的理想选择。18K金具有很好的加工性能，因为它比银稍硬，而且硬度足够高，可以保持高抛光度，是商业首饰常用的贵金属材料。18K金，含76%金，熔点875℃～1315℃。18K金是用于各类宝石镶嵌类首饰的最理想贵金属材料，它的延展性适用于大多数的加工工艺，是常见的K金首饰产品用料（图1-8至图1-10）。14K金，含58.5%金，熔点830℃～1300℃，熔点较低，对于某些工艺有所受限。9K金含37.5%金，熔点880℃～960℃，是合金中含金量最低的一种，颜色也是黄色合金中最淡的，但硬度高、价格便宜。

图1-8 18K手镯

图1-9 18K戒指

图1-10　唐迪作品　《首饰光》系列

3. 铂金（Platinum）

铂的元素符号是Pt，呈银白色，密度21.45g/cm³，熔点1722℃，莫氏硬度4.3。

在自然界中，铂的储量比黄金少，每年消耗的铂金仅为黄金的3%，铂金熔点高，提纯熔炼比较困难。铂金是一种很难加工的金属，因其硬度高，但也因此很适合用于镶嵌。铂金通常用于铸造细小的商业首饰，因为后续不需要再塑形和焊接。由于这种金属昂贵且密度高，它常用于较小的首饰，如耳环和戒指。（图1-11）

常见的含铂量标记有以下几种：990足铂金、950铂金、900铂金。首饰上打标如"Pt990"或者"足铂"，以及"Pt950""Pt900"，表示饰品中铂金的百分含量分别为99%、95%、90%。

图1-11　铂金戒指

4. 纯银（Silver）

银的化学符号为Ag，密度10.49g/cm³，熔点961.93℃，莫氏硬度2.5～3。纯银是一种银白色的金属，具有很高的延展性。银是一种价格实惠又具有良好加工性能的贵金属，是K金配方中不可缺少的组成金属，适用于各种大小金属件的塑形制作，因为它的硬化速度较快，在进一步加工之前，进行常规的退火使金属软化，便于进一步加工制作。纯银延展性高，可以加工成银条、银板、银箔等。（图1-12至图1-14）但纯银较软，一般不用于制作造型复杂和有宝石镶嵌的首饰。

　　纯银除了板材与线材之外还有银黏土，主要成分是研磨成极细的99.9%银粉末，由助溶剂和水性黏合剂混合组成。烧制温度取决于助溶剂的质量和用量，成品收缩与受水性黏合剂的质量和用量相关。银黏土有极高的造型自由度，塑形后经过电窑炉烧制，有机质完全燃烧蒸发后，成品与传统银制品无异。银黏土由于可塑性高，可以非常自由地表达首饰作品的造型。如作品《始生》运用银黏土塑形，结合银片烧皱工艺，与巴洛克珍珠有机搭配，呈现出作品原始的张力。（图1-15、图1-16）

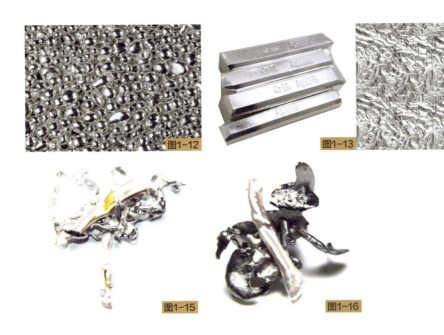

图1-12
纯银颗粒

图1-13
纯银条

图1-14
纯银箔

图1-15
黎宇明作品　《始生》胸针　指导老师：袁塔拉

图1-16
黎宇明作品　《始生》戒指　指导老师：袁塔拉

5. 925银（925 Silver）

　　制作首饰时在银中加入7.5%的铜。这种含银92.5%、含铜7.5%的合金，可以使银的硬度增强，国际上称为标准银。适用于更多、更精细的加工工艺，以及现代丰富和夸张的造型要求。925银可广泛用于各种金属加工工艺，如铸造、锻造、拉丝、碾压、錾刻等。各种优点使得925银备受设计师的喜欢，广泛用于首饰制作。（图1-17、图1-18）

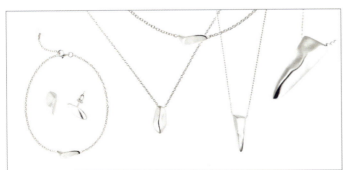

图1-17　唐迪作品　《冰晶》系列

图1-18　唐迪作品　《愿望鞋》系列

银作为贵金属中价格最为亲民的金属，是制作工艺品或首饰的最佳材料。传统首饰中的长命锁大多用银制作，形式多样，题材多出自神话、传说和典故等。银也是很多当代首饰创作中常用来进行创作的金属材料，在颈饰作品《合》中可以看到传统银锁的形式转化，以首饰为媒介与传统对话，运用多元的材料与当代表达，通过个人的造型语言诠释传统的形式美。（图1-19）

民间手艺人将这些故事题材定型在工艺品与首饰中，将传统文化精神内容与日常生活结合在一起。银錾花蝴蝶式盒就是一个银制日常用品，盒体整体造型源自蝴蝶，蝴蝶翅膀的盒盖中轴为合页，盖片可以从两端翻起，正如蝴蝶翩翩起舞的形态。蝶翼正面錾刻了珍珠纹来表现蝶翼的鳞片，以浮雕感的玛瑙纹和藤蔓纹表现蝶翼上的纹饰，整体制作工艺精湛。（图1-20）

图1-19　袁塔拉作品　《合》颈饰

图1-20　银錾花蝴蝶式盒　藏于北京故宫博物院

二、贱金属

贱金属包括铜、铝、镍、锡、锌等，由于产量丰富，贱金属的价格实惠，可用于首饰实验样品和流行饰品的制作。贱金属常与贵金属进行配比，形成种类、颜色丰富的合金材料。对于初学首饰制作的学生，可多使用紫铜、黄铜与青铜做练习。（表1-2）

表1-2　铜与铜合金的基本属性

金属类型	合金成分	颜色	熔点
紫铜	999分紫铜	暖橙	804℃～1082℃
黄铜	670分紫铜、330分锌	淡黄	921℃～960℃
青铜	900分紫铜、100分锌	黄棕	1050℃

1. 纯铜（Cupper）

纯铜，即紫铜。化学符号为Cu，密度8.96 g/cm³，因其颜色为紫红色而得名。又因其本色是玫瑰红色，表面形成氧化膜后呈紫色，一般称为紫铜。

　　紫铜价格低廉，所以在手工艺行业中运用广泛。紫铜有良好的导电性、导热性及抗腐蚀性，在所有金属中仅次于银，但铜比银便宜，因此广泛用于工业。紫铜有很好的延展性，可拉成粗棒和细丝，压成铜板、铜片和铜箔。（图1-21至图1-23）紫铜硬度小，可塑性高，在首饰制作中，常常适用于锻打、錾刻、冲压等加工方法。如学生徐锦宏的项链作品《囧》就是运用紫铜片作为主要创作材料，手工敲打成型，再经火焰烤色处理。（图1-24）

图1-21

图1-22

图1-23

图1-24

图1-21
紫铜棒

图1-22
紫铜丝

图1-23
紫铜片

图1-24
徐锦宏作品　《囧》项链
指导老师：袁塔拉

　　唐迪的首饰系列作品《森》，灵感来自她在德国期间秋季在黑森林徒步的经历。在静寂中，穿越枯枝的阳光温暖皮肤的一刹那，驱散了迷路的茫然与对未知的恐惧，静静感受环境，倾听隐约的鸟语，这是无处不在的"生命力"。（图1-25）

图1-25

图1-25
唐迪作品　首饰系列《森》

唐迪的胸针作品《柳暗花明》在于诠释繁忙压抑的都市生活，在静心思考感受自我中获得自由。这件作品是以电铸铜工艺为基础创作完成的，局部用了铜的多色处理工艺以表达森林枯枝的层叠质感，并部分结合欧珀石或珍珠镶嵌以表达主题，其中一件作品被德国柏林科技博物馆认可并列为藏品展示于博物馆中。（图1-26）

图1-26 唐迪作品 《柳暗花明》胸针

2. 黄铜（Brass）

黄铜是铜和锌的合金，因色黄而得名。黄铜的熔点为900℃～940℃，依照成分不同而定。黄铜的机械性能与耐磨性能都很好，可制成管材、片材、线材等，用途广泛。（图1-27至图1-29）黄铜配方中锌含量不同，会呈现不同的色泽。如含锌量18%～20%呈红黄色，含锌量20%～30%呈棕黄色。（图1-30）

图1-27
黄铜管

图1-28
黄铜片

图1-29
黄铜线

图1-30
黄铜和青铜

黄铜合金配比依据用途不同而不同，不同的配比颜色也有差异，大致有表1-3中的四种黄铜。镀金黄铜主要用于时尚首饰和各类徽章，商用青铜用于室内装修和时尚首饰，黄色黄铜用于时尚首饰和五金工具，红色黄铜运用比较广泛。系列作品《水母》，以黄铜作为制作材料，通过3D建模喷蜡，经失蜡铸造成型。（图1-31）作品《人》的主要成型材料是黄铜板，使用CAD制图，通过激光切割完成作品的主体造型，再经过组合最后电镀完成作品。（图1-32）铜质的旅游纪念品是通过CAD建模，喷蜡铸造制作。（图1-33、图1-34）

表1-3 黄铜合金的基本属性

类别	配比	颜色	用途
镀金黄铜	铜95%、锌5%	深青铜色	时尚首饰和各类徽章
商用青铜	铜90%、锌10%	典型青铜色	室内装修和时尚首饰
黄色黄铜	铜85%、锌15%	颜色像纯金	时尚首饰和五金工具
红色黄铜	铜70%、锌30%	明亮黄色	运用广泛

图1-31

图1-32

图1-33

图1-31
蒋心怡作品 《水母》系列首饰
指导老师：袁塔拉

图1-32
缪微作品 《人》系列首饰
指导老师：袁塔拉

图1-33
唐迪作品 旅游纪念品3D建模图

图1-34
唐迪作品 旅游纪念品设计图与
实物

图1-34

3. 白铜（Cupronickel）

白铜，又称铜镍合金，是以镍为主要元素的镍锌合金，一般成分是60%的铜、20%的镍和20%的锌。颜色为银白色，外观看似银但不包含银成分。白铜的强度坚硬，具有可塑性高、抗腐蚀性较好、不生锈等特性。早期多用于铜钱、器具的制作，也用于大件民族饰品的制作。（图1-35）

镍白铜是中国古代科技史上一项很重要的发明。关于白铜的记载最早见于公元4世纪时期东晋常璩的《华阳国志·南中志》，白铜最早产于云南古堂琅县。秦汉时期，新疆的大夏国就已经用白铜铸造货币，很可能就是两国交流的产物。唐宋时白铜已远销阿拉伯一带，被波斯人称为"中国石"。大约16世纪以后，中国白铜远销世界各地，英文Paktong一词就是粤语"白铜"的音译，指的就是产自云南的铜镍合金。

现在市面上很多苗族银饰品都不是真正的纯银，有以白铜为主的"苗银"，主要分布在贵州省黔东南地区，如贵州省凯里市千户苗寨附近的银匠村。银匠村的苗银饰品成分以白铜为主，通过后期电镀、加蜡、上色等工艺处理，形成了具有地方特色的贵州苗银饰品。（图1-36）

图1-35　白铜花钱一组五枚

图1-36　白铜苗族头饰

第二节　锯切

一、材料准备

在首饰制作前，需要先对制作用的金属板材、线材进行裁剪。常用的裁剪工具包括裁板机、小型手动剪台、手钢剪、斜口剪钳、加强型剪钳等，根据金属厚度不同选择相应的裁剪工具。

在制作之前通常需要把大的板材切小，面积大又较厚的板材需用裁板机裁切，切割边缘整齐笔直不会变形。小型手动剪台主要用于制作前对较厚的金属板材与线材进行裁剪，但裁剪边缘有轻微的变形，只适用于备料的边缘片材切割，不适合裁切精细的图案，精细的造型图案需要手动锯切。（图1-37、图1-38）

图1-37
裁板机

图1-38
小型手动剪台

裁片的操作步骤：

a1. 将铜片平放在剪台刀口处，调整好圆片挡板。

a2. 往下拉动剪台手柄，刀片压至整块铜片被裁下。

a1

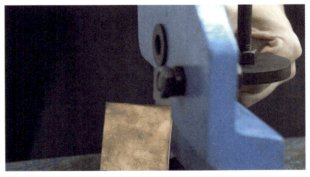

a2

金属线材中，较粗的金属棒可以用剪台裁切，中粗的金属线材可以用剪钳。在剪钳工具中，斜口剪钳（图1-39）主要用于剪切直径1.5mm以下的线材，裁剪的线材线端呈尖状。大手钢剪用于剪切小于1mm的板材，裁剪边缘略有不齐。小手钢剪常用来剪片状银焊药。（图1-40）加强型剪钳（图1-41）可用于剪不锈钢丝和稍厚的金属板材。

图1-39
斜口剪钳

图1-40
大手钢剪和小手钢剪

图1-41
加强型剪钳

裁线的操作步骤：

b1. 将铜线穿过剪台刀身上的圆孔。

b2. 往下拉动剪台手柄，刀片压至整段铜线被裁下。

b1

b2

二、锯切工具

锯切是首饰制作中最常用的基础技法。首饰锯切的专用工具是线锯，线锯由锯弓和锯条组成。锯条有各种粗细型号，锯条长133mm，最常用的型号为4/0和3/0；锯弓有两种：可调节式与固定式。（图1-42至图1-44）锯切有上锯法和下锯法：上锯法是手握锯弓手柄在上，向上提拉进行锯切；下锯法是手握锯弓手柄在下，向下提拉锯弓锯切。可以根据个人使用习惯选择用法。（图1-45、图1-46）

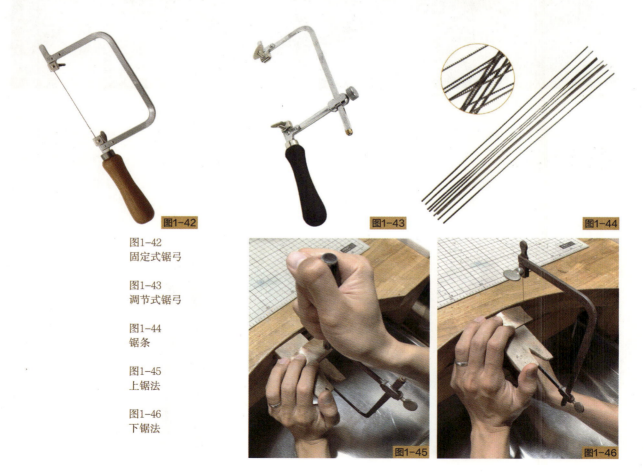

图1-42

图1-43

图1-44

图1-42
固定式锯弓

图1-43
调节式锯弓

图1-44
锯条

图1-45
上锯法

图1-46
下锯法

图1-45

图1-46

锯条安装的操作步骤：

c1. 拧松锯弓两端的螺丝，安装前确认好锯条的齿纹朝外及朝下方手柄方向。

c2. 将锯条一端插入锯弓上方的槽内，拧上螺丝固定锯条一端。

c3. 将锯弓上端顶住台塞边缘卡口，手握锯弓手柄，轻轻往前推，使锯弓两端稍微收紧，然后将锯条另一端插入锯弓下方的槽内，并拧上螺丝，装好锯条。

c4. 用食指在锯条背部轻轻推一下，这时应该松紧适度，有一定的张力，用指甲可以拨出清脆的声音。

注意：锯条安装过紧会容易折断，过松则锯切困难并且影响精细图案的切割。

c1

c2

c3

c4

三、锯切操作

在锯之前，需要将图样绘制在金属板上。由于金属板表面光滑，使用一般的笔不易绘制，可用细砂纸将表面均匀打磨，便于图案附着。将设计图样复制到金属板上有很多方法，一般的常规简单线条可以用锁嘴夹持钢针配合弹簧圆规和尺子直接在金属板上绘制图样。（图1-47至图1-50）绘制比较自然随形的图案，可将图案打印后粘贴到金属板上，或者将图案打印在复写纸上，再将图案手描转印到金属板上。（图1-51）

图1-47 锁嘴和钢针

图1-48 锁嘴夹持钢针画图

图1-49 弹簧圆规

图1-50 圆规画图

图1-51 描图转印图案

　　锯切过程中，通常会把金属板放置在金工桌的台塞上，台塞也是金工桌的标配，通常被固定在金工桌中间桌沿插槽内，是必备的辅助工具。可以根据个人使用习惯将台塞的形状进行改造，在台塞上切不同大小的"V"形缺口，缺口顶端有小圆洞，便于无障碍锯切小尺寸物件的局部。（图1-52、图1-53）锯切过程中金属粉末会掉落到金工台下方的抽屉，可以用毛刷和接金铲收集，便于回收重新熔炼。

图1-52　普通木台塞

图1-53　改造木台塞

锯切前先将锯条齿纹靠近金属边缘，在同一个位置上轻轻地来回滑动，划出一个凹槽，使锯条可以有一个相对固定的点，这样可以避免锯条打滑。锯切时锯条与金属板表面保持垂直角度，轻握锯弓往下拉，尽量拉满锯条的范围，保持锯齿的损耗一致。为了使锯切更顺畅，可以用蜡在锯条齿纹上涂抹，然后上下推拉锯弓的力度适中，动作连续，频率适中，这样可以提高锯切效率。

切割时沿着图形线外侧切，这样可以保证图形的完整，便于后面锉修。锯切曲线时，保持锯弓上下拉动，同时慢慢转动金属板，在锯切中慢慢转变方向。而在转角锐利的地方锯切时，需要把锯条往后退一点，然后在原地推拉，保持锯弓上下推拉并渐渐转动锯弓方向，锯弓会慢慢转向所要切割的方向，继续向前锯，直到锯切完成。

锯切的操作步骤：

d1. 用黑色油性笔在紫铜片上绘制图案。

d2. 将紫铜片放在台塞上，锯弓垂直于铜片，锯齿沿着紫铜片边缘划一个凹槽，然后用力均匀地往前锯。

d3. 在需要转弯的位置，锯条往后退一点，锯弓在原地推拉，逐渐转动锯弓方向，左手同时慢慢转动紫铜片。

d4. 继续平稳地沿着图案线条外侧锯切。

d5. 持续锯切到图案线条闭合处。

d6. 完成锯切。

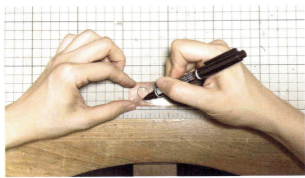

d1

d2

d3

d4

d5

d6

《螳螂模型》制作练习如下。

任务要求：学习上文锯切操作，参照《螳螂模型》（图1-54），根据设计图（图1-55）制作《螳螂模型》。

任务目的：结合锯切工艺，进一步熟练锯切操作，结合钳子对锯切铜片进行弯曲塑形，学习制作简单的立体模型。

工具材料：80mm×80mm×0.8mm 黄铜片、锯弓、平嘴钳、尖嘴钳、锉刀。

图1-54 付书睿作品 《螳螂模型》

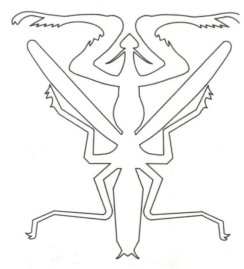

图1-55 付书睿作品 《螳螂模型》设计图

第三节　钻孔

一、钻孔工具的配件

　　首饰制作中，在金属上钻孔的工具类型多样，除了小型手动钻之外，最常用的是吊机和台钻。吊机和台钻的功能非常多，并不仅限于钻孔，可以配不同的磨针，用于各种特定工艺制作。在雕蜡起版制作中，用台钻配乌钢打磨头（图1-56）可用于雕蜡过程的快速削蜡，钻孔可配麻花钻针（图1-57）。制作玉石雕刻可以配各种造型的金刚砂打磨针（图1-58）；在宝石镶嵌制作中，则需要配专用打磨头（图1-59）用于各种类型镶嵌的镶座、镶爪、镶轨的打磨与开槽；在金属表面处理上，可配不同目数的砂纸圈（图1-60）进行打磨，砂纸粗细由目数从低到高分类，目数越低砂纸越粗。也可以用不同材质和造型的刷，对工件进行表面清洁。（图1-61、图1-62）。

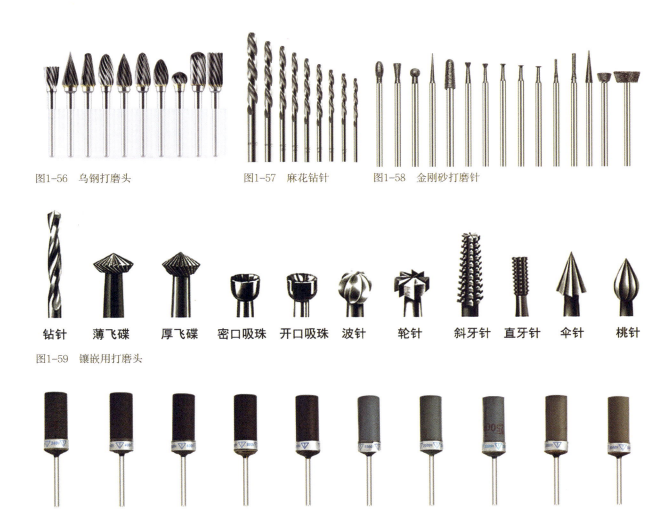

图1-56　乌钢打磨头　　　　图1-57　麻花钻针　　　　图1-58　金刚砂打磨针

钻针　薄飞碟　厚飞碟　密口吸珠　开口吸珠　波针　轮针　斜牙针　直牙针　伞针　桃针

图1-59　镶嵌用打磨头

240目　400目　600目　800目　1000目　1500目　2000目　2500目　3000目　5000目

图1-60　砂纸圈

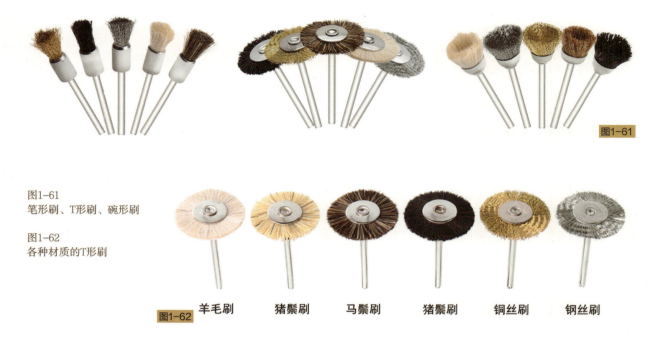

图1-61
笔形刷、T形刷、碗形刷

图1-62
各种材质的T形刷

图1-61

羊毛刷　　猪鬃刷　　马鬃刷　　猪鬃刷　　铜丝刷　　钢丝刷

图1-62

二、钻孔工具及操作

用于钻孔的工具有吊机、台式雕刻机和台钻。吊机由悬挂电机、软轴、不锈钢手柄和脚踏开关组成。打磨手柄有两种，原配手柄可以夹持0.2mm～4.0mm直径的夹针，装夹针和换夹针的时候需要用标配的夹头钥匙拧开手柄的钻夹头。也可配T30夹头，这种夹头自带旋钮开关，装换夹针的时候比较方便，但对夹针的直径有特定要求，该夹头只能夹持直径2.35mm或者3.0mm的夹针。（图1-63、图1-64）

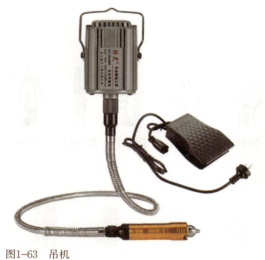

图1-63　吊机

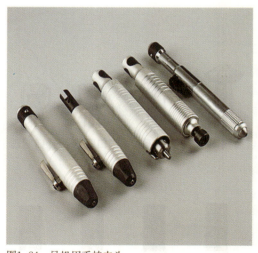

图1-64　吊机用手持夹头

台式雕刻机用途广泛，由主机、手柄与脚踏开关组成，手柄与旋钮开关合体，只需旋转手柄前端就可安装夹针。手柄有两种夹持类型，一种是直径2.35mm夹针专用，另一种是3.0mm夹针专用。夹针类型非常多，适用于首饰制作的各个环节。（图1-65、图1-66）

图1-65
台式雕刻机

图1-66
台式雕刻机手柄

吊机配T30手柄钻孔的操作步骤：

a1. 拧开手柄旋钮，把钻针插入手柄钻头锁嘴中。

a2. 钻针夹持在手柄锁嘴里的长度在1/2长度以上，拧上手柄旋钮。

a3. 用錾针尖头对准钻孔位置，用锤子敲打针顶部，标上钻孔记号。

a4. 手持吊机手柄，钻针垂直于钻孔铜片，针头对准钻孔记号，脚踩脚踏开关。

a5. 手均匀向下用力，中间可向上轻抬手柄，再向下持续钻孔，直至铜片被钻穿，钻孔完成后，脚移开脚踏开关。

a1

a2

a3

a4

a5

　　在金属上制作比较复杂的镂空图样时，用吊机手动钻孔效率相对低，这时就需要使用台钻。台钻有小型台钻和大型台钻，钻头可以装配夹针的直径范围比吊机大，钻头配钥匙，用于拧开钻头和锁紧钻头，从而安装不同直径的夹针。（图1-67至图1-69）小型台钻一般放置于桌面，大型台钻底部基座需要用螺丝固定在桌上。在制作复杂镂空图案锯切之前，需要在多处镂空位置钻孔，便于锯条穿孔固定，然后锯切掉镂空部分的金属。

图1-67　小型台钻　　　　　　图1-68　大型台钻　　　　　　图1-69　台钻钥匙扳手

　　镂空图样制作操的作步骤：

　　b1. 用锁嘴针和圆规在紫铜片上绘制图案。

　　b2. 标记出图案上需要镂空的位置。

　　b3. 用钥匙拧开台钻头，把针插入钻头，并锁紧钻嘴。

　　b4. 将紫铜片放于钻针正下方，带上护目镜，打开台钻开关按钮。

　　b5. 手摇台钻的摇杆，直至钻针与铜片表面接触，均匀缓慢向下用力，直至钻针钻穿铜片。

　　b6. 将所有需要镂空的位置全部钻孔，并将孔背面被挤压出来的毛边用锉刀修平。

　　b7. 锯弓上方固定锯条的一头，锯条另一头穿过铜片的孔，把铜片推到顶部，将锯条末端插入锯弓下方锁槽并固定好，将第一个镂空位置锯切下来。

　　b8. 解开锯条下端一头，重复b7步操作，依次将所有镂空的部分全部切下。

　　b9. 用锉刀锉修锯切边缘，锉修镂空图案的各个内边角。

　　b10. 用自制砂纸推轮进行边角打磨，直至所有边角顺滑。

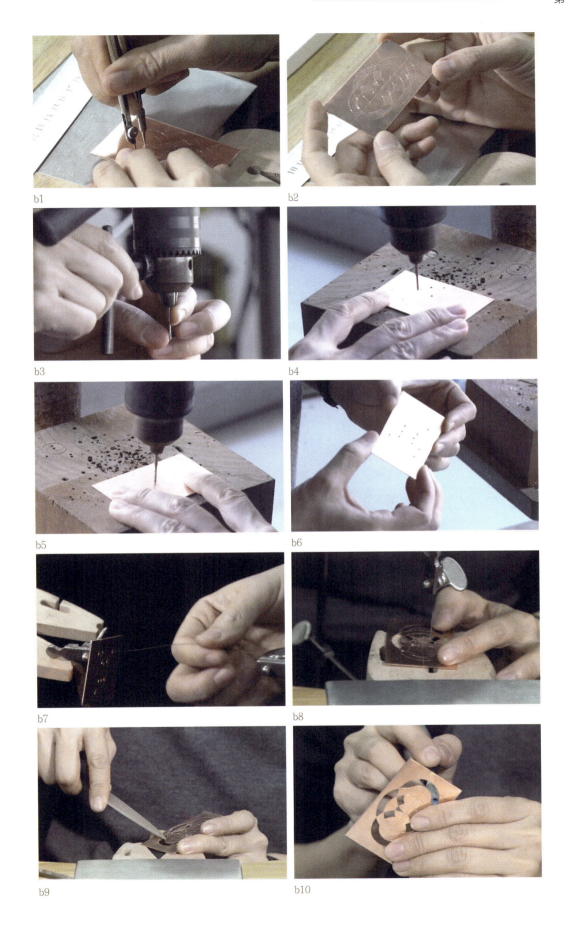

b1

b2

b3

b4

b5

b6

b7

b8

b9

b10

戒指制作练习如下。

任务要求：学习上文镂空锯切操作原理，根据戒指平面展开金属样片（图1-70）和实物图（图1-71），参照图1-72戒指例子，设计戒指图样，根据下文操作要点设计图样，测算个人戒指圈的周长，根据指节长度自行选择宽度，完成设计图并根据设计图制作该戒指。

任务目的：结合锯切工艺，进一步熟练锯切操作，学习戒指圈大小的测算方法。结合戒指棍和胶锤对锯切铜片进行弯曲塑形，学习制作开口戒指。

工具材料：铜片／银片、锯弓、锉刀、台钻、戒指圈、港度戒指圈、实心戒指棍、胶锤。（图1-73）

操作要点：

制作戒指所需要的金属片的长度，需要进行计算。首先用戒指圈测量戒指圈的号码，具体的戒指圈周长和直径可以参照表1-4，确定戒指圈直径大小之后计算戒指周长。以15号戒指圈为例，15号对应直径为17.3mm，用于制作戒指的铜片厚度为0.8mm。实际戒指周长需要算中心圆的周长，取内圈的直径加上铜片厚度的一半，那么需要的实际中心圆直径是17.3+0.4=17.7mm，戒指的周长为 $\pi \times 17.7=55.6$mm，由于制作过程中会有损耗，可以加多1mm，那么实际需要准备的铜片长度为56.6mm，为了方便操作可以取整数长57mm。

确定戒指周长后，宽度自行定义。这里以20mm为例，在长57mm、宽20mm的长方形范围内，进行图样设计，下文案例运用了曲线作为基本设计元素构建有机的外形，锯切下金属片后，用钻孔做镂空处理，然后打磨刷抛，最后将金属片沿实心戒指棍四周按压，并用胶锤轻敲至首尾闭合。

表1-4 戒指尺寸对照表

港码	周长/mm	直径/mm	港码	周长/mm	直径/mm
1	38.9	12.4	18	57.8	18.4
2	39.9	12.7	19	58.7	18.7
3	41.1	13.1	20	59.9	19.1
4	42.1	13.4	21	60.9	19.4
5	43.3	13.8	22	62.2	19.8
6	44.3	14.1	23	63.1	20.1
7	45.2	14.4	24	64.4	20.4
8	46.5	14.8	25	65.3	20.8
9	47.7	15.2	26	66.6	21.2
10	48.7	15.5	27	67.5	21.5
11	49.9	15.9	28	68.5	21.8
12	50.9	16.2	29	69.7	22.2
13	52.1	16.6	30	70.6	22.5
14	53.4	17.0	31	71.6	22.8
15	54.3	17.3	32	72.8	23.2
16	55.3	17.6	33	74.1	23.6
17	56.5	18.0			

图1-70
戒指平面展开金属样片与锤敲成型

图1-71
戒指实物图

图1-72
学生作品　戒指

图1-73
戒指圈、港度戒指圈、实心戒指棍、胶锤

图1-70

图1-71

图1-72

图1-73

金属弯折制作练习如下。

任务要求：学习上文镂空锯切操作原理，参照图1-74设计图，根据设计图制作金属弯折造型。

任务目的：进一步熟练锯切和钻孔的操作，结合弯折对金属进行立体塑形。

工具材料：30mm×30mm×0.8mm铜片/银片、锯弓、锉刀、针锉、台钻、尖嘴钳、平嘴钳、胶嘴钳。

操作要点：

（1）在设计图内部线条钻孔，注意钻孔位置尽量对称，锯切线尽量保持顺畅。

（2）用胶嘴钳将金属片内部切割的区域进行前后上下弯折，使其有立体效果，原理与折纸类似。

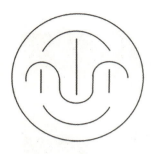

图1-74 刘珍珍设计图

《蜻蜓模型》制作练习如下。

任务要求：学习上文镂空锯切操作原理，参照图1-75中的设计图制作《蜻蜓模型》。

任务目的：进一步熟练锯切和钻孔的操作，结合弯折工艺对金属进行立体塑形。

工具材料：80mm×80mm×0.8mm铜片/银片、锯弓、锉刀、针锉、台钻、尖嘴钳、平嘴钳、胶嘴钳。

图1-75 李迪作品 《蜻蜓模型》及设计图

第四节 锉修

在首饰制作过程中，锉修使用不同尺寸、不同形状和不同粗细齿纹的锉刀，在起版过程中锉修造型，修整金属表面划痕、多余焊药、边缘毛边，修正转角，制造槽位，扩修孔洞，等等，以达到所设想的最佳效果。

一、锉刀工具

锉刀是经过硬化的钢制成的锉修工具，从整体外形分为尖锥状、平板状、异形，从整体大小可分为木柄大锉刀和针锉，从针锉剖面形状可分为平锉、半圆锉、弧锉、圆锉、竹叶锉、四方锉等。根据所要锉修的表面造型来选取相应的锉刀进行锉修。（图1-76至图1-79）

木柄大锉刀主要是用来削除多余金属和修整金属表面，为其他工艺制作的开始做准备。锉刀通常不

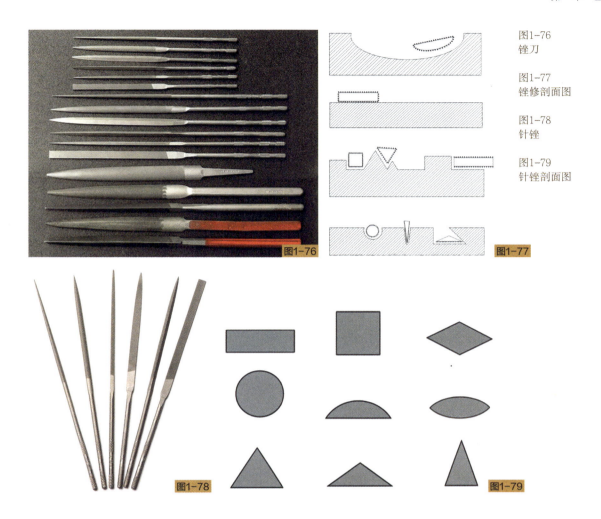

图1-76
锉刀

图1-77
锉修剖面图

图1-78
针锉

图1-79
针锉剖面图

自带手柄，手柄需要另外购买，并自行安装。安装手柄时，将锉刀固定在台虎钳的钳口中，锉刀锥形尾部朝上，将木柄一端抵在锉刀尾部锥尖上，用木槌敲打木柄，使锉刀慢慢嵌入手柄中。（图1-80）

　　锉刀的纹理分细齿、中齿和粗齿。（图1-81）锉刀的纹路有单纹、双纹、弧形纹、突刺纹。（图1-82）使用单纹锉只需要手腕轻轻压推就可以产生光滑的表面。双纹锉适用较硬的金属，使用时需要施加较大的力度，能快速锉修并获得粗糙的表面。弧形纹锉刀表面纹路是弧线形，软和硬的材料都适用。突刺纹锉刀纹路是独立的齿纹，用于快速锉修软的材质，如蜡块、木头、塑料等，使其表面产生较粗糙的齿纹。

图1-80
木柄锉

图1-81
齿纹分类

图1-82 锉刀的纹路

针锉用于比较精细、复杂的制作，高质量的针锉相对比较昂贵，却是必备工具，因为不同的金属材料，需要配备相对应的针锉，如一套针锉用于不同金属的锉修，粘在锉刀上的金属粉末会交叉污染，导致在焊接的时候影响金属的颜色和成分。不使用锉刀的时候，应把锉刀用布袋装起，或者放在专用工具架上，避免锉刀互相碰撞损失齿纹。

二、锉修方法

在锉修的过程中，应施力适当，平稳向前推动锉刀。锉刀在推锉过程中应该尽量将整面锉刀齿纹滑锉过整个金属件表面，回程时轻抬锉刀，避免摩擦，需要重复推锉、提回、再推锉地操作，保证金属表面凹凸一致。锉刀的表面齿纹损耗也相对一致，这在保证作品美观的同时也能减少锉刀的损耗率。锉修一般将工件放置在工位的台塞上进行，如果工件太小，可以用戒指夹（图1-83）固定，再将戒指夹靠着台塞，方便进行锉修。锉刀使用之后上面如果有金属屑残留，可以用锉刀刷（图1-84）进行清理。

根据锉修金属表面的不同，有相应的挫修方法，如平锉法、滑锉法、旋锉法。

平锉法：适用于平整的金属表面。对有瑕疵的平面进行锉修平整，用平面锉刀水平向前锉过工件的整个表面，保持表面整体锉修。

滑锉法：适用于外弧面的金属表面。用平面锉刀顺着金属弧面推拉式锉修，在平稳持续推拉锉修的同时，逆方向转动金属件。

旋锉法：适用于内弧面的金属表面。可以用圆形、半圆形和椭圆形的锉刀，将锉刀的弧面贴着内弧面金属表面，顺着金属件内弧进行滑动锉修。

锉刀在使用之后，表面会有金属屑卡在齿纹里，需要定时清洁。可以用锉刀刷顺着齿纹方向将金属屑刷掉。如果仍有卡得较紧的碎屑，可以用锁嘴针挑出。清洁后的锉刀应有序放在工具架上，或者用专用的锉刀工具包装好，避免随意丢在抽屉里互相碰撞磨损。

图1-83 戒指夹

图1-84 锉刀刷

第五节　压片拉丝

　　在制作首饰首版时，压片和拉丝是最初的备料准备阶段，涉及配料、熔料、铸料，制作时使用压片机配合拉线板，进行拉片压条拉丝。即便是初步的制作工艺，也可以与其他工艺结合综合运用，呈现精美的作品，花丝工艺就是一个典型的以丝作为成型基础的工艺。

　　中国传统非物质文化遗产花丝镶嵌工艺，堪称"燕京八绝"之一。丝镶嵌包括花丝和镶嵌两部分，花丝部分就是把金银料拔成各种粗细的丝。手工拉丝是已经传承了几百年的传统技术，工匠将拔完的丝2～4根地搓成一股，制作成不同花样的花丝，把花丝处理成凤眼丝、麦穗丝、小辫丝等，再根据设计图将这些花丝掐成丰富的造型，依设计图填丝完成制作。

　　明代万历皇帝的金丝翼善冠（图1-85），薄如蝉翼，空隙均匀规整，代表了花丝工艺的最高水平。如此精美的工艺品的基础工艺就出自拉丝，结合镶嵌工艺中各种类型的镶嵌方式，让花丝镶嵌呈现出更丰富的色彩变化。

　　在今天看古代传统工艺制作的工艺品，总是让人叹为观止。对于传统工艺的传承和发扬，每一个新生代手工艺人都应该视为己任，这些宝贵的文化遗产是丰厚的基石。工艺是设计创作由虚转实的最直接手段，而对传统工艺的运用创新才是最有效的传承途径，传统的工艺造型语言只有在不断地实现当代设计表达的转化中才能长久地传承。

　　对于中国古代传统工艺制作的首饰和工艺品，总是让人怀着敬畏之心，在对传统工艺的传承上，也需要观念上的创新表达。作品《密饰》（图1-86），是对传统花丝工艺的印象转化，铜网材料有与花丝编织的网很相似的视觉效果，一个是工业化制作，另一个是手工制作，是不同时代的产物。选择铜网是因为它是工业制品，是工业化时代的产物，通过当下具有时代特征的物料，将传统的印象进行转化，用新的视角和塑形手法，给作品注入情感和温度。

图1-85　金丝翼善冠

图1-86　袁塔拉作品　《密饰》项链

一、退火与淬火

首饰制作所用的大部分金属，在经过捶打、碾压、拉伸等物理变形后，都会产生一定的应力，这种应力会影响下一道工序的操作，如不进行退火处理，会使合金材料边缘产生毛刺甚至断裂。

退火是金属在经过加工硬化后，通过加热到规定温度使其变软的过程。淬火是金属在退火后进行冷却，淬火方式根据不同的金属略有不同。在锻造过程中，当金属在锻打过程中不断受到外力捶打，发生了物理变形，被捶打的区域结构会产生压缩现象，压缩现象使金属收缩或者延展，也会使金属硬化，所以要适时退火。金属由于受到内部应力而变硬，将其加热到规定的温度，温度升高使金属的晶格结构重新排列，从而使金属软化恢复原有的延展性。退火过程可以在一块金属上进行多次。

铂合金在退火过程中具有较强的抗氧化性，金合金和银合金在退火过程中，都会在大气中发生一定程度的氧化，并在表面生成一层氧化膜。

对金属片材、线材与棒材退火，可以用最传统的组装焊枪工具——火枪，它由皮老虎风球、焊枪、油罐、软管组成，用120号白电油作为燃料。（图1-87）如果退火的工件比较大，可以用多功能熔焊机（图1-88）进行退火，用打火机或点火器点火。退火工件需要放置在耐火砖（图1-89）上，焊枪需用打火机或者点火器（图1-90）点火，退完火后再用钢镊（图1-91）将工件夹起放入冷水中冷却。退火时用浓密的软火加热，很快就可以看到金属表面颜色的变化，不同金属的颜色略有差异，各类金属的退火温度详见表1-5。

图1-87 由皮老虎风球、焊枪、油罐、软管组成的组装焊枪——火枪

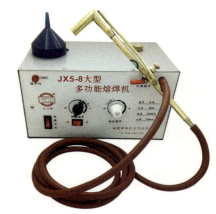

图1-88 多功能熔焊机

图1-89 耐火砖

图1-90 点火器

图1-91 钢镊

表1-5 各类金属退火温度对照表

金属类型	退火温度	退火颜色	冷却方法
紫铜	400℃~650℃	黑红	冷水淬火
黄铜	450℃~730℃	暗红	空气中冷却
不锈钢	800℃~900℃	樱桃红	冷水淬火
纯银	650℃	暗红	当银冷却到黑色时，冷水淬火

金属丝、金属棒、金属片退火操作要点如下。

（1）退火金属丝：将金属丝像"○"绕成一扎，便于金属丝能均匀加热，将其放在耐火砖上，用略带红焰的软火均匀地加热线圈。

（2）退火金属棒：将焊枪火焰沿金属棒的长度方向，开始对着一端加热，当末端变成暗红色时，将火焰沿金属棒的另一端移动，确保整根金属棒达到退火温度。

（3）退火金属片：用浓密的火焰退火金属片，均匀有序地循环加热至整个金属片呈暗红色。

退火与淬火的操作步骤：

a1. 用点火器点着焊枪，调大火焰，对准要退火的银块。

a2. 持续有节奏地用脚轻踏皮老虎风球，持续加热至银块变红。

a3. 移开火焰，停止脚踏皮老虎风球。

a4. 用大号钢镊夹起银块，放入装有冷水的烧杯中进行淬火。

a1

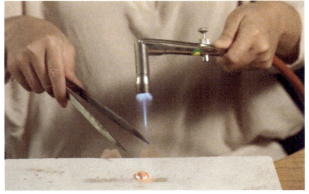

a2

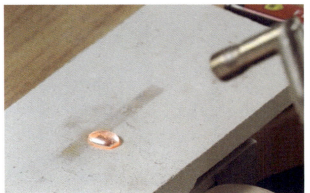

a3

a4

二、压片与拉丝

在起版制作的过程中，压片和拉丝是制作前金属备料阶段，起版过程根据设计图纸准备相应大小厚度的片材和粗细不同的线材，根据具体需求准备厚薄程度相对应的金属片材和线材。起首版的用量不大可以自行配比熔料，例如常用的925银，可以根据配比公式进行配料，用纯银料与银补口（如925银由75%纯银配25%的辅料合金，这25%的辅料称为补口），通过小型熔金炉进行熔料，然后将液态熔料倒入油槽，冷却后再进行压片和拉丝。（图1-92至图1-96）

图1-92　石墨坩埚、小型熔金炉、坩埚钳　　　图1-93　油槽

图1-94　熔柱状油槽　　　图1-95　纯银料

图1-96　银补口（黄色）硬、银补口（双色）软、银补口（红色）硬、银补口（白色）软

纯银料与不同的补口配比925银，有不同特点。银补口（黄色）熔点1000℃以上，适用于失蜡铸造、火枪熔铸、手造等，优点是防氧化、耐燃、减少红印、可热处理。银补口（双色）和银补口（红色）熔点在960℃～980℃之间，适合压片和拉丝。银补口（白色）熔点在960℃～980℃之间，优点是防氧化（减慢变黑）、耐燃、减少红印、可热处理。

熔925银的操作步骤：

b1. 按公式比例称100克纯银和8.1克银补口。

b2. 盖好炉盖，打开熔金炉开关按钮，等待20～30分钟，炉温升到980℃。

b3. 倒入称好的纯银料和银补口，盖上炉盖。

b4. 在等待熔金炉再次升温到设定温度（980℃）时，需要用火枪均匀加热整个油槽。

b5. 炉温再次升到设定温度（980℃）时，通过熔金炉盖上的小孔观看炉内熔料，确定熔料已呈液态镜面状态。

b6. 打开炉盖，用坩埚钳夹出石墨坩埚，将坩埚倾斜，对准铸金槽，快速倒入熔料。

b7. 用镊子夹出925银棒。

b8. 将925银棒放入冷水中冷却，取出擦干。

b1 b2

b3 b4

b5 b6

b7   b8

　　各种尺寸厚薄的片材、线材与棒材市面上都有售卖，可以备一些常用的片材和线材，如需特殊肌理和特殊造型的线材，通过手摇压片机或电动压片机，运用能产生肌理的材料进行肌理压制。特殊造型线材可用拉线机配合不同形状的拉线板进行拉丝。拉丝板由高质合金制成，丝孔的形状多样，可运用拉丝原理制作空心管，并结合不同造型的拉丝板，制作异形管。（图1-97至图1-99）

　　压片的过程中需用到压片机，压片机分手摇压片机和电动压片机。（图1-100、图1-101）压片机能压制平均厚薄的片材，另外，熔金后得到金属锭和金属棒，需要通过压片机压制片材和线材。除了使用压片机压制不同厚薄粗细的片材和线材外，还可以运用各种磨具和材料，在金属表面压肌理，丰富金属表面视觉效果。

图1-97　简易桌上拉丝机

图1-98　圆孔拉丝板

图1-99　不同造型拉丝板

图1-100　手摇压片机

图1-101　电动压片机

压片操作要点：

（1）取一块金属片，将金属片进行退火和淬火。

（2）调整好压片机滚轴中间的位置，以稍小于待压片的金属片厚度为准。

（3）将金属片插入滚轴中间，以不掉下为准，打开压片机开关，金属片被滚压入轴后方。

（4）当金属片发热时表面会发亮，表示金属片硬化，需要适时退火才能继续压片。

拉丝操作要点：

（1）取一段金属丝，将它的一端用锉刀锉细，直到可以穿过拉丝板中比金属丝直径小一号的孔，穿过小孔的金属线长度需足够拉线钳夹取。

（2）将金属丝进行退火和淬火，并在锉细的那一端抹上蜡。

（3）固定拉线板，将金属丝细的一端穿过拉线孔。

（4）线与拉线板成保持90°拉出。

（5）完成一次拉丝，线被压缩和延展。

（6）当金属丝发热表面发亮时，表示金属丝硬化，需要适时退火才能继续拉丝。

压片操作练习如下。

任务要求：学习上文925银条熔铸操作，进行压片训练。

任务目的：进一步熟练压片操作。

材料工具：925银板、焊枪、耐火砖、镊子、压片机。

压片的操作步骤：

（1）检查压片机设备是否完好，能否正常运作。

（2）调整压片机上、下轧辊至平行状态。

（3）将上、下轧辊的间距调至所压轧的材料厚度的间距。

（4）打开压片机，观察机器运作是否正常，压片机转动时应平稳无杂声。

（5）将银条平稳送入上、下轧辊之间，当轧辊夹着银条后，即刻松开手，谨防夹手。

（6）第一次压延后，稍微调小一点上、下轧辊的间距，每次压轧不应超过材料厚度的1/10。

（7）在压轧后，银条会逐渐硬化，需要适时进行退火处理。

（8）每次压轧后，需要对厚度进行测量，反复操作，直至压轧到所需尺寸为止。

（9）完成压片制作后，擦拭清洁轧辊。

轧条操作练习如下。

任务要求：学习上文925银条熔铸操作，进行轧条训练。

任务目的：进一步熟练轧条操作。

材料工具：925银棒、焊枪、耐火砖、镊子、压片机。

轧条的操作步骤：

（1）检查压片机设备是否完好，能否正常运作。

（2）将银棒进行退火处理。

（3）调整压片机上、下轧辊直至上、下轧辊闭合，打开压片机。

（4）将银棒一端用油性笔做标记，然后送入最大号的轧槽，进行第一次轧条。

（5）将压扎过的银棒纵向90°旋转，将做了标记的一端送入最大号的轧槽，进行第二次轧条。每个轧槽压两次，每次都是标记号的一端送入轧槽，每次都需要纵向90°旋转银条。

（6）以此类推重复，直至压至所需尺寸，轧条过程中银条硬化时，需要适时退火处理。

第六节　表面处理

金属表面处理可为首饰设计表现提供更多可能。除常规打磨抛光之外，金属表面处理运用得当可以增强作品表现力。金属表面的雕刻、电镀、珐琅等工艺，在首饰制作中是独当一面的高阶工艺，都需要更深入系统地学习。

金属的表面处理大概可以分为设计表现处理和后期处理。后期处理主要是打磨、压光、抛光等，设计表现处理主要是对材质的处理，如丝光、喷砂、雕刻、压花等。表面色彩变化如电镀、珐琅、做旧等。本节主要学习表面精修、表面肌理、表面着色三个内容。对金属表面进行后期打磨抛光或制作表面肌理，使金属材质感更丰富，或是对其进行上色，使金属色彩变化更多样化。（图1-102至图1-107）

图1-102
丝光效果

图1-103
喷砂效果

图1-104
雕刻效果

图1-105
压花效果

图1-106
珐琅彩效果

图1-107
铜绿效果

一、表面精修

贵金属首饰一般都需要做表面精修和高抛光处理，金属高度反光的效果与宝石的闪耀互相辉映，这应该就是人们对奢华瑰丽的追求。不同的金属在经过打磨精修之后，运用抛光机、研磨机，搭配抛光蜡打磨，可以将金属表面打磨得如镜子一般光亮。单件首饰可以纯手工抛光，运用吊机或者雕刻机，再配合抛光用的整套打磨抛光针使用。批量生产造型简约的首饰主要用磁力研磨和滚筒抛光机，可以同时大批量地做抛光处理。

1. 打磨压光

金属表面打磨有很多不同的工具和材料可以使用，最常用的是使用吊机或台式雕刻机（图1-108）搭配各种打磨抛光针进行表面精修。在打磨中砂纸是一种多用途的耗材，砂纸有粗有细，目数依次从低到高，有220目、400目、600目、800目、1000目、1200目、1500目等，一般打磨顺序由低到高使用。（图1-109）砂纸可以自由裁剪，可与其他工具组合使用，剪成长条用夹针卷成砂纸轮，也可直接购置现成的砂纸轮使用。（图1-110）砂纸也可以剪成圆片用夹针夹着配合吊机或台式雕刻机使用，或者粘在不同形状的木棒上使用。（图1-111至图1-113）当金属件表面通过细纹针锉进行最终的锉修后，下一步就是去

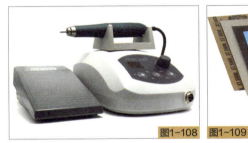

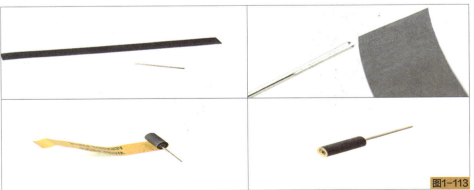

图1-108 台式雕刻机

图1-109 砂纸

图1-110 砂纸轮

图1-111 手持砂纸棒

图1-112 砂纸夹持针

图1-113 自制砂纸轮

除锉痕后打磨。当除锉痕打磨到较为平整的表面时，可用打磨胶轮继续打磨至光滑，再用棉布轮和羊毛轮上蜡进行抛光。（图1-114至图1-116）

图1-114　打磨胶轮

图1-115　打磨棉布轮

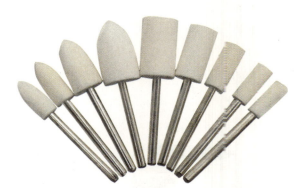

图1-116　打磨羊毛轮

台式雕刻机打磨抛光的操作步骤：

a1. 戴上护目镜，长发女生需把头发扎起。

a2. 将400目砂纸轮插入手柄并锁上旋钮开关，轻踏脚踏开关，砂纸轮开始沿着戒指表面打磨，将戒指边缘和内圈全部打磨一遍，打磨过程中戒指因摩擦而发烫，可稍做停歇再继续打磨。

a3. 继续用600目、800目、1000目和1500目的砂纸轮，重复a2的操作。

a4. 用红色胶轮打磨整个戒指，戒指表面逐渐变得光滑发亮。

a5. 用绿色胶轮继续打磨整个戒指，戒指表面显得更光滑、更亮。

a6. 用羊毛轮擦上少量的绿蜡。

a7. 打磨戒指的表面、内圈和边缘，直至整个戒指非常光滑发亮。

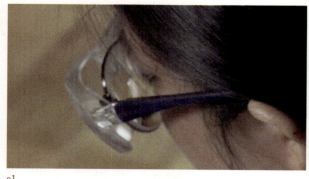

a1

a2

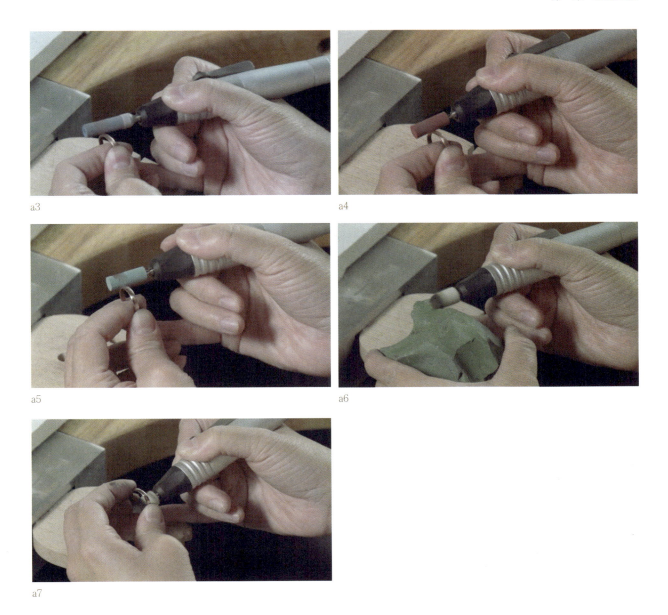

a3

a4

a5

a6

a7

　　压光是指运用特定的压光工具，推压金属表面直到表面呈现光泽的效果。被压光处理的金属表面也会变得坚硬，但所产生的光泽可以保持较长时间。常用的压光刀有两种，一种是钢制压光刀（图1-117），一种是玛瑙压光刀（图1-118），两种材质的压光刀都必须经过高度抛光处理，才不会在压光过程中损坏金属表面。

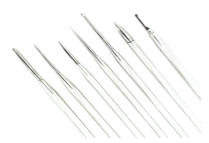

图1-117　钢制压光刀

图1-118　玛瑙压光刀

压光时，将金属件放在毛毡上，将压光刀蘸取一点水作为润滑作用，在金属表面有序地来回推压，动作不应过快，过快容易打滑。如果打滑，坚硬的压光刀会在其他不需要压光的表面划出亮亮的划痕。

2. 抛光研磨

一般商业首饰会更偏向呈现金属闪耀的视觉效果，所以金属件在制作过程中，表面经过锯切、锉修、酸洗和打磨后，还需要对首饰产品进行抛光。针对不同类型的首饰可以选择不同的抛光设备，常用的有布轮抛光机（图1-119）、飞碟机和吊机。

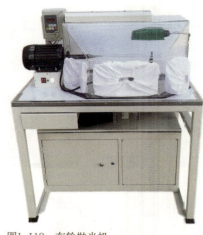

图1-119　布轮抛光机

布轮抛光机由电机、金属转轴、防尘罩、吸尘排风机、回收系统几部分组成。抛光操作主要是在金属转轴上安装不同的抛光轮，配合不同的抛光蜡进行抛光。（图1-120至图1-125）将抛光蜡涂抹在布轮上，注意抛光区域是车轮底部的1/4范围内，抛光过程中应不断地移动金属件，这样可以避免金属件由于跟布轮的持续快速摩擦而发烫，从而导致过烫后不便抓握。抛光不宜过度，过度容易导致金属件的细节部分变形。

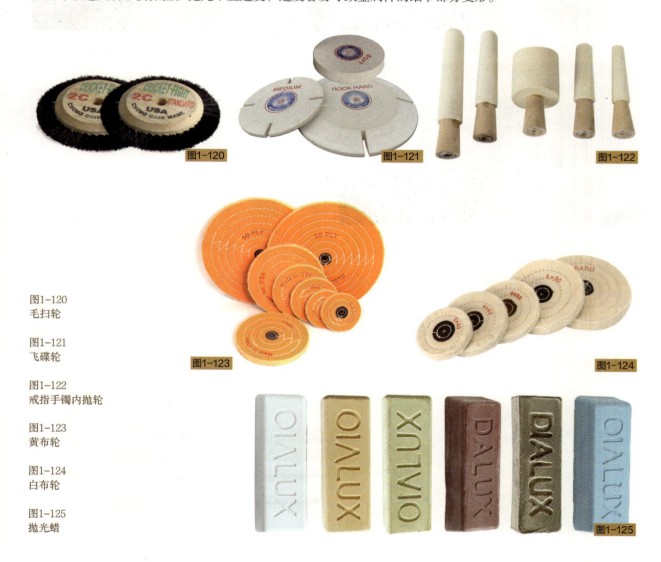

图1-120
毛扫轮

图1-121
飞碟轮

图1-122
戒指手镯内抛轮

图1-123
黄布轮

图1-124
白布轮

图1-125
抛光蜡

戒指抛光的操作步骤：

b1. 打开飞碟机开关按钮，将戒指表面慢慢匀速靠近飞碟盘外侧并来回移动抛光面，戒指的边角也需进行打磨。

b2. 打开抛光机，将绿蜡锭轻轻接触毛扫轮，这是给毛扫轮上蜡，需上蜡均匀，蜡量适中，蜡锭接触毛扫轮约1～2秒，然后打磨整个戒指。

b3. 换上戒指内抛棍并上绿蜡，用耐磨布包住固定戒指，避免下一步打磨时戒指发烫而无法握牢。

b1

b4. 用手握紧包裹戒指的布条，将戒指套入内抛棍，戒指处于内抛棍1/3处能比较有效地打磨。

b5. 换上黄布轮并上绿蜡，握紧戒指，令抛光面与布轮平行，布轮打磨操作范围在布轮1/4处，按压力度需适中，均匀抛光戒指的每个部位。

b6. 换上白布轮并上黄蜡，打磨时手动移动戒指，保证每个面都打磨到位。

b7. 在抛光机的机轴上裹上脱脂棉，再在脱脂棉上涂上适量的黄蜡，精细地抛光戒指内圈。

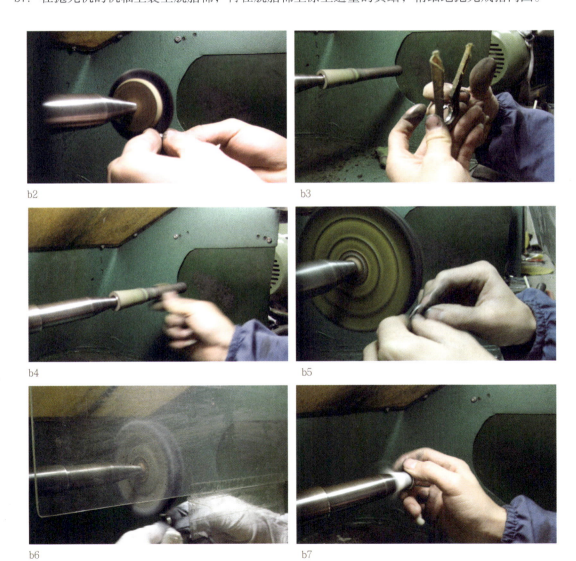

b2

b3

b4

b5

b6

b7

滚筒抛光，是将各种造型的不锈钢珠放置在滚筒抛光机的滚筒里，经过旋转，滚筒里的不锈钢珠与首饰工件进行摩擦挤压而达到平整光滑的表面。项链、穿孔工件和铸造工件等常用滚筒抛光，可以快速地抛亮细节，而不会磨损工件。

滚筒抛光机的操作步骤：

（1）用软毛刷和清洁剂彻底清洁金属件上的指印油脂，抛光前需保持金属件干燥。

（2）再一次把金属件放到超声波清洁机里彻底清洗。

（3）磨光机桶里装有水、钢珠和含有防锈肥皂剂，将工件放入滚筒，把盖子盖紧；磨光的时间取决于速度和抛光金属件的类型。

（4）将工件从滚筒里取出，用清水冲洗干净后晾干。

二、表面肌理

金属表面肌理是运用不同的工具和设备，在金属表面进行加工，利用金属的延展性，形成丰富的质感和触感的肌理结构。肌理的制作是利用外在物理力量和化学方法，制作和改变金属表面的视觉效果。不同的金属其物理属性不同，相同的制作方法会呈现不同的效果。因此，可以根据金属特性选择适合的制作方法，以达到设计创作的需要。

在金属表面通过喷砂可以营造磨砂效果，相较于光滑发亮的表面，磨砂效果更加温和。运用各种造型锤与肌理锤敲打金属表面，可以制作丰富多变的肌理；运用有肌理纤维的布料、韧性较好的材料或者肌理模叠加在金属表面，通过压片机碾压，同样可以形成丰富的肌理。金属表面添加肌理可为后续首饰制作增强视觉语言。

1. 喷砂肌理

一般大部分的首饰产品使用高度抛光的效果，可以很大程度地抓住视觉焦点，与宝石的闪耀光芒相互呼应，最大化地呈现宝石与金属聚光放射的特性，这是人们一种普遍的审美取向。金属还有较为含蓄的一面，就是磨砂效果，磨砂表面没有强反光，光泽温和内敛，富有亲和力。首饰表面磨砂效果是通过喷砂机进行表面处理制作磨砂效果。运用喷砂机和空气压缩机，选择不同目数的玻璃珠砂料，可以制作不同粗细的磨砂效果。（图1-126至图1-128）

图1-126 喷砂机

图1-127 空气压缩机

图1-128 玻璃珠砂料

喷砂机湿喷的操作步骤：

c1. 打开喷砂机开关和空气压缩机气压阀门。

c2. 打开喷砂机玻璃盖，给砂池加入适量的水。

c3. 将紫铜片放入喷砂机操作箱内橡胶手套上，盖上玻璃盖。

c4. 将手伸入喷砂机内的橡胶手套，拿起紫铜片。

c5. 握住铜片放于出砂口正下方，轻踏脚踏开关，水砂通过空气液喷在紫铜片表面，来回移动紫铜片，直至整个表面呈磨砂效果。

c6. 脚离开脚踏开关，喷完砂将铜片取出。

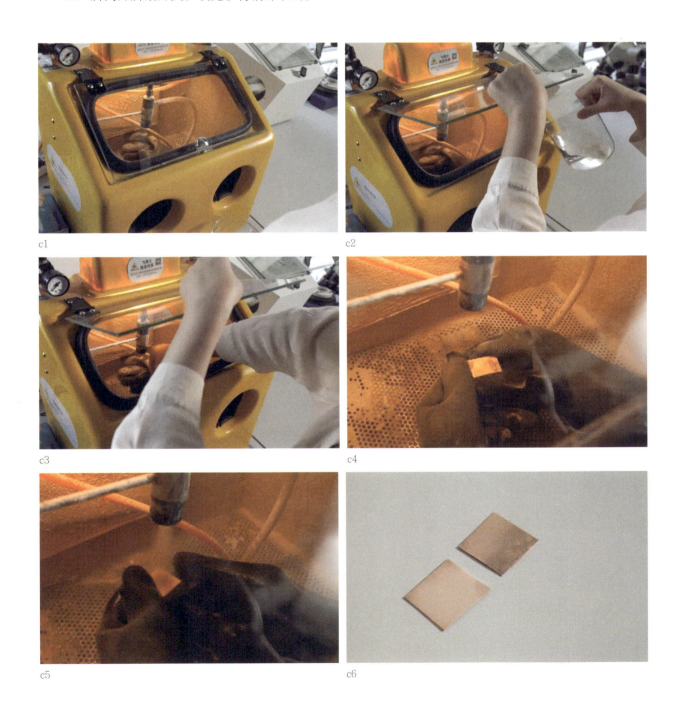

c1

c2

c3

c4

c5

c6

2. 捶敲肌理

捶敲肌理是制作金属表面肌理比较快速的方法。金属都具有一定程度的延展性，在经过退火后进行加工，通过密集捶敲产生富有细节感的肌理效果，可以作为设计表达的一种方式。系列作品《野》（图1-129）捕捉动物生动的脸部特征，通过对动物头部造型元素的提炼，转化为简练的线条，构成动物脸部的剪影，在设计图的基础上通过锯切对金属剪影空间前后弯折，从而形成立体效果，用尖头锤和扁头锤对金属表面捶敲，营造出动物皮毛的细节特征，再用火烤金属表面，形成微妙的色泽变化。这个系列设计只是基础，后续的制作过程中用工艺手段做"再设计"，再设计可以从工艺的角度出发，让设计效果更直观。

图1-129　王嘉霖作品　《野》胸针系列　指导教师：袁塔拉

对金属表面进行捶敲制作丰富的肌理，运用各种金工锤或者肌理锤将金属片放于四方砧铁上进行密集的捶敲，可以在金属表面快速制作肌理。（图1-130至图1-133）

图1-130

图1-131

图1-130
纹理锤 /

图1-131
组装纹理锤

图1-132
金工锤

图1-133
四方砧铁、牛角砧铁

图1-132

图1-133

锤敲肌理的操作步骤：

d1. 将五片紫铜片进行退火处理。

d2. 将紫铜片进行淬火并擦干。

d3. 取一片紫铜片放于四方砧铁上，用尖头锤密集敲打。

d4. 尖头锤敲打大概1/5的面积后，换一把圆头锤继续敲打，制作有渐变效果的肌理。

d5. 重复敲打两遍后退火再敲一遍，完成第一种肌理制作。

d6. 取一把肌理锤和一片新的紫铜片，用肌理锤垂直交叉纹理的一头密集敲打紫铜片两遍，进行退火后再敲打一遍。

d7. 取一片新的紫铜片，用肌理锤平行肌理的一头密集敲打紫铜片两遍，退火后再敲打一遍。

d8. 完成两片紫铜片的肌理制作。

d9. 取一把扁头锤和一片新的紫铜片，密集敲打紫铜片两遍，退火后再敲打一遍。

d10. 取一把金工锤和一片新的紫铜片，密集敲打紫铜片两遍，退火后再敲打一遍。

d11. 完成另外两片紫铜片的肌理制作。

d1

d2

d3

d4

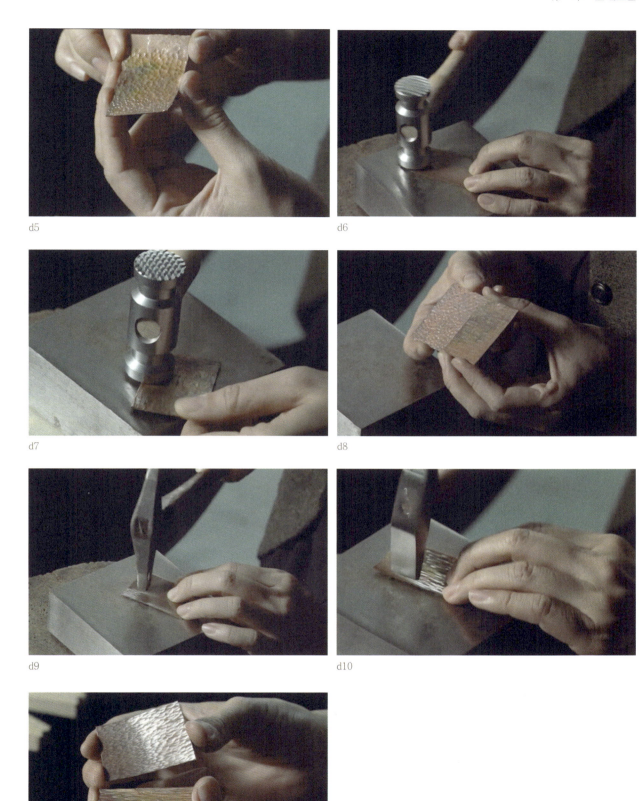

d5

d6

d7

d8

d9

d10

d11

动物模型捶敲肌理练习如下。

任务要求：参照图1-129效果图和捶敲肌理的操作原理，根据动物设计图（图1-134、图1-135）制作动物模型表面捶敲肌理。

任务目的：结合所学工艺，进一步熟练捶敲肌理操作，学习运用肌理表现细节。

工具材料：60mm×60mm×0.8mm紫铜片、台钻、锯弓、锉刀、平嘴钳、尖嘴钳、焊枪、银焊药、硼砂、耐火砖、镊子、酸洗锅。

图1-134 王嘉霖作品 《野》兔的设计图　　　　图1-135 王嘉霖作品 《野》羊的设计图

3. 碾压肌理

碾压肌理是运用各种材料附着在金属表面，进行碾压而得到各种纹样肌理，方法也简单容易操作。在前文我们学习了压片和拉丝的操作，掌握了压片机的操作，本节制作碾压肌理也需要用压片机，制作前先收集各种富有肌理的材料，如布料、干树叶、麻线、纸张等。行业中也有专门的纹样模具，模具表面有特定的纹样，使用模具制作可直接将金属片放在模具表面，碾压之后金属表面就会形成模具上的纹样，为后续作品制作增强视觉效果。（图1-136至图1-138）

图1-136
紫铜板碾压肌理

图1-137
伍诗华作品 胸针

图1-138
黄昱嘉作品 胸针

图1-136

图1-137

图1-138

碾压肌理的操作步骤：

e1. 准备六片紫铜片并进行退火和淬火，剪一块跟铜片差不多大小的粗麻布叠放在两片紫铜片之间。

e2. 剪一块白麻布，叠放在两片紫铜片中间，作为第二个肌理样品。

e3. 将一根黄铜线卷成曲线形状，叠放在两片紫铜片中间，作为第三个肌理样品。

e4. 三个肌理样品准备就绪，准备碾压。

e5. 调节压片机滚轮中间的间隔，以略宽于要压的样品的宽度为准，打开压片机开关。

e6. 将第一个肌理样品推入压片机滚轮，注意手要及时松开铜片，以防被夹到手。紫铜片表面已经碾压出粗麻布的纹理。

e7. 将第二个肌理样品推入压片机滚轮，注意手要及时松开铜片，以防被夹到手。紫铜片表面已经碾压出白麻布的纹理。

e8. 将第三个肌理样品推入压片机滚轮，注意手要及时松开铜片，以防被夹到手。紫铜片表面已经碾压出铜线的纹理。

e1

e2

e3

e4

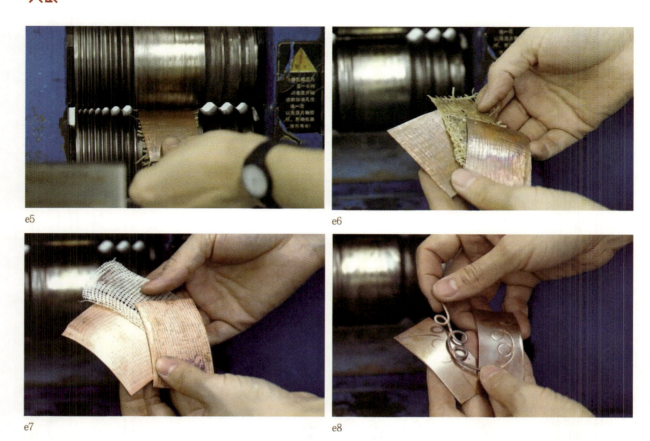

e5

e6

e7

e8

动物模型碾压肌理练习如下。

任务要求：参照上文作品（图1-137、图1-138）效果和碾压肌理操作原理，在铜片表面碾压肌理，然后根据下文动物设计图（图1-139、图1-140）裁切，制作表面有肌理的动物模型。

任务目的：结合所学工艺，进一步熟练碾压肌理操作，学习运用肌理表现细节。

工具材料：60mm×60mm×0.8mm 紫铜片、锯弓、锉刀、平嘴钳、尖嘴钳、焊枪、银焊药、硼砂、耐火砖、镊子、酸洗锅。

图1-139 王嘉霖 《野》狼的设计图　　图1-140 王嘉霖 《野》熊的设计图

花卉模型碾压肌理练习如下。

任务要求：参照上文作品（图1-137、图1-138）效果和碾压肌理操作原理，在铜片表面碾压肌理，然后根据下文花卉设计图（图1-141）裁切，制作表面有肌理的花卉模型。

任务目的：结合所学工艺，进一步熟练碾压肌理操作，学习运用肌理表现细节。

工具材料：60mm×60mm×0.8mm 紫铜片、锯弓、锉刀、平嘴钳、尖嘴钳、焊枪、银焊药、硼砂、耐火砖、镊子、酸洗锅。

图1-141
黄琳珊 花卉的设计图

三、表面着色

首饰制作中，除了金属本身自带的自然色泽外，还可以通过不同的金属配比后一起熔炼，能得到更丰富的色度变化，例如18K金、22K金、24K金在黄金含量与其他金属不同比例的配比后一起熔炼后，可以得到不同的色系和不同的色泽。此外，可通过很多方法来增加金属表面的颜色，如电镀、做旧、油性彩铅上色、珐琅彩烧制等。（图1-142至图1-145）这些工艺很大程度上使首饰视觉效果更丰富多彩。电镀一般是将金属表面镀上一层贵金属，如金或者铑，因其不易氧化；金属做旧是将容易氧化的金属表面加速氧化发黑，让首饰富有怀旧感；金属油性彩铅上色是将金属表面进行磨砂处理，然后用油性彩铅在金属表面添加颜色，就如在纸上作画，表现空间非常大；珐琅彩烧制是在金属表面烧结珐琅釉，是一种色彩表现多样的工艺，类型也比较丰富，如干筛珐琅、画珐琅、掐丝珐琅和空窗珐琅。

图1-142 吴妙欣作品 《刺》
胸针 黄铜镀18K粉色

图1-143 陈奕错作品 《甲》
手镯 紫铜做旧

图1-144 叶真辰作品 油性彩铅上色

图1-145 胡曼作品 干筛珐琅彩烧制

1. 彩铅着色

金属表面彩铅着色的表现力非常强，在这个技法上，金属就如纸一般，可以在上面自由绘制，色调任意搭配，每个人都可以在这个过程中自由发挥，绘制个人化的色彩，这是这种技法的最大优势。

金属彩铅着色主要是运用油性彩铅上色，将金属表面通过喷砂机进行打砂，使金属表面呈磨砂效果。金属表面如果是正常的光滑表面，彩铅是无法在表面上色的，只有表面做了喷砂的金属才能完美着色。喷砂后要进行酸洗清洗，再用彩铅在表面进行涂色，这时自由发挥的空间比较大，可以做非常丰富的色彩搭配。所需工具也比较简单，上色材料主要是油性彩铅，上完色之后用透明喷漆固色。结合前期锻造工艺锻打出作品基础造型后，在金属表面用彩铅绘制富有层次变化的色彩，使造型与色彩都能得到充分的表达，大大地提高作品的视觉感。

《花园》腰带花头作品（图1-146、图1-147）造型元素来自花卉，主要材料是紫铜片。将紫铜片裁剪出花瓣形状，一片片锻打成型，在花瓣表面捶打出肌理，然后将所有花瓣进行喷砂处理，挑选合适的色调上色，上色的笔触也体现出花瓣的特征，最后通过冷连接，将花瓣一片一片聚拢连接，生动地呈现了花的特征。

图1-146　吕锐作品　《花园》腰带花头1　　　　图1-147　吕锐作品　《花园》腰带花头2

彩铅着色的操作步骤：

（1）将已经锻打出的基础型半成品，酸洗之后进行表面喷砂处理。

（2）用清水冲洗擦干水之后，戴上手套，准备上色。

（3）挑选符合作品色调的油性彩色铅笔进行上色。

（4）均匀上色，色彩过渡需柔和。

（5）用开水调配稀释做旧膏，将上完色的作品用鱼线固定。

（6）把作品放入做旧液中浸泡，约1分钟后可查看作品没被彩色铅笔覆盖部分的发黑程度。

（7）将作品取出晾干后，用透明喷漆均匀喷涂整个作品，然后晾干即可。

2. 表面做旧

首饰制作常用的金属中，不会氧化的金属除了黄金之外，还有铂族元素，如铂、钌、铑、钯、锇、铱及铂铑合金，电镀中常用的电镀液为铑液。金属氧化是一个非常普遍的现象，氧化的首饰给人一种怀旧的感觉，其实也可以是首饰的一种表现方式，加速金属表面氧化的过程，使金属表面颜色快速发生

变化，像银的硫化发黑，铜的氧化表面呈蓝绿色，可以使金属呈现另一种独特效果的色彩变化。（图1-148）

　　银的做旧方法一般采用化学着色剂，把酸洗和清洗后的银件放入硫化钾和水稀释的液体里浸泡，银的表面就会渐渐变成深灰色。如果没有硫化钾做旧剂，可以用普通硫黄皂代替。黄铜或者紫铜的做旧需要铜发黑剂和铜绿液，先把铜件做旧发黑，再浸泡铜绿液，然后静置，铜表面就会形成非常丰富的铜绿色调。（图1-149）

图1-148　袁塔拉作品　《曲》耳饰　925银做旧　　　　图1-149　徐锦宏作品　《园》系列胸针　紫铜做旧

银戒指做旧的操作步骤：

f1. 在通风良好的空间，用烧杯装约60ml清水，将银做旧液滴入清水中，大概5～6滴。

f2. 用玻璃棒将水和做旧液的混合液搅拌均匀。

f3. 将需要做旧的银戒指放入混合液中，请勿用手触碰做旧液。

f4. 观看戒指氧化效果，如果氧化效果不明显就再加入3～5滴做旧液，再用玻璃棒轻轻搅动戒指，然后静置。

f1

f2

f3

f4

f5. 观察戒指，等到整个戒指发黑之后，将戒指捞起。

f6. 将戒指放入清水中清洗。

f7. 用布擦干戒指上的水，完成做旧处理。

f5

f6

f7

铜件做旧的操作步骤：

g1. 在通风良好的空间，将铜做旧液倒入烧杯内，然后加入清水稀释，做旧液与水的比例为1:5，切勿用手触碰做旧液。

g2. 将两个铜件先后放入做旧液中，然后静置等待铜件发黑。

g1

g2

g3. 观察铜件发黑情况，可以适当搅动做旧液，待整件发黑便可取出。

g4. 将发黑的铜件用镊子夹出，放入清水中清洗，擦干水。

g5. 取另一个烧杯倒入铜绿液原液，将铜件完全浸入铜绿液中约10秒，然后取出静置，等待表面氧化呈现铜绿。

g6. 观察铜绿的生长情况，如果有些位置不均匀，可以用笔刷蘸铜绿液进行涂抹，然后再继续等待，直至铜面全部呈现铜绿。

g3

g4

g5

g6

3. 表面电镀

电镀是改变金属表面颜色的一种常用工艺，它对首饰金属表面起保护作用，同时也使首饰金属色彩变化更丰富。金属首饰电镀有本色电镀和异色电镀。本色电镀是电镀颜色与首饰金属基础材料颜色相同。异色电镀指电镀颜色及成分与首饰金属基础材料颜色和成分都不同，例如铜镀18K金色（图1-150）、银镀18K金色（图1-151）。较常用的电镀材料主要有金、铑、银和18K金等。电镀技术也是一门高阶工艺，不同的金属在电镀工艺中会呈现出不同的色泽，有些金属无法直接电镀，电镀前需要先做金属表面处理才能进行后续电镀工序。

电镀有水电镀和刷电镀。以水电镀的镀金工艺为例，电镀的过程是需电镀件作为阴极，浸泡在金属盐的溶液中，金属金板作为阳极，接通直流电后，在需电镀件上沉积出金属金镀层。刷电镀工艺相较于水电镀操作更方便快捷，可以快速地看到效果。

图1-150
袁塔拉作品　《空心》胸针
黄铜镀18K金色

图1-151
袁塔拉作品　《玉系》耳饰
925银镀18K金色

图1-150

图1-151

刷电镀的操作步骤：

h1. 用去污剂喷洒整个银件，然后把银件刷洗干净，电镀笔通电，调整伏数到6V左右。

h2. 在通风良好的空间里，将电镀笔的绵套滴满18K金电镀液，绵套必须充分吸满电镀液。

h3. 将电镀机的负极笔的笔头与银件保持接触通电，阳极笔头沿着银件表面快速均匀地涂抹。

h4. 银件表面逐渐变成金色，持续涂抹银件表面。

h5. 把已经镀好金的银件用清水冲洗晾干，完成操作。

h1

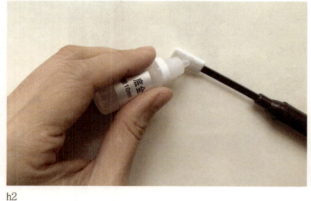

h2

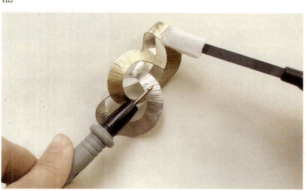

h3

h4

h5

2

第二章

连接工艺

章节前导
Chapter Preamble

　　首饰连接工艺是首饰制作中必须掌握的工艺。本章内容主要介绍热结合工艺中的焊接工艺和冷连接工艺中的铆接工艺，详细介绍工具和材料、焊接和铆接的基本原理与操作步骤，结合不同类型案例说明两种焊接方式的具体运用，重点让学生熟练掌握焊接和铆接的操作，在具体的设计案例中进行创新运用。

　　连接工艺为首饰成型的丰富表现增加了更多的塑形空间。将两个或更多的金属部件连接起来的方式有两种。一种是焊接，是将两者永久连接在一起的方式。常用的焊接方式有传统的烧焊、激光焊接和碰焊等。（图2-1、图2-2）另一种是结构性连接，通过一个连接部件来联结，如铆钉、链环、螺丝等。

　　系列首饰作品《蜕》，作品灵感源自对宇宙的印象，银黏土和银片混合使用，通过捏、剪和绕，再用火枪加热，使银在持续加热下微熔，产生有机的形态，肌理自然与巴洛克珍珠的表面肌理非常相似，让两种不同的材质在视觉质感上一致。整个作品充分使用焊枪，通过火焰和温度控制来制作银的肌理，并通过焊枪焊接作品的整体造型。（图2-3）

　　唐迪艺术首饰工作室的定制作品，主要以不同粗细的线材通过锻打制作出富有曲线感的薄片，或通过搓丝后进行曲线塑形，并将三种不同形态的线形进行有机动态的穿插搭配，整体造型极富细节变化。作品需要进行多次焊接，使不同的线材有层次地穿插和叠加，焊接过程需要控制好火力，使每一层线材都能牢固地焊接好。（图2-4）

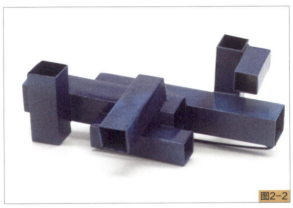

图2-1
刘芷君作品　戒指

图2-2
刘丁伊作品　胸针

图2-3
黎宇明作品　《蜕》胸针

图2-4
唐迪艺术首饰工作室
定制作品

第一节　焊接

一、烧焊

烧焊工具中主要有焊枪，焊枪的长短、焊嘴的粗细有多种类型，需根据所焊接的工件大小来选择匹配的焊枪。根据烧焊的燃料不同，焊枪一般分为单管焊枪、双管焊枪、内双管焊枪、水焊枪和气焊枪。不同的燃料应匹配对应的焊枪，这一点很重要。

1. 首饰焊接工具

根据不同燃料有五种常用焊枪类型。第一种是汽油+脚风球（皮老虎）的单管焊枪；第二种是煤气+空压机的双管焊枪；第三种是煤气+氧气的内双管焊枪；第四种是氢气+氧气的水焊枪；第五种是丁烷气为燃料的气焊枪。

第一种，以汽油为燃料的焊枪，俗称"皮老虎"。皮老虎是组合焊具，由火枪、气管、油壶和脚风球等部件组成，工作原理是借助脚风球产生压力和流速气流，经由气管输入油壶中，空气与油壶内燃料充分混合，混合气从另一气管传入焊枪后被点燃产生火焰。焊枪上有调节阀，可以控制火焰大小。火力的大小不取决于油量的多少，而是由鼓风球压入的气体与油壶内蒸发的燃气混合量决定。油壶内油量过满会导致混合空间变小，空气被压缩在狭小的空间里，会导致燃油倒流至焊枪口，产生喷油现象，这是错误的操作方法。

在用传统组装焊枪焊接中，除了最主要的焊枪组装工具外，还需要其他工具。如漏斗用于将燃油倒入油壶内，点火器或者打火机用于火枪点火，耐火砖用来放置焊接的工件，硼砂研磨后兑水调成稀糊状涂抹在焊接口处，用于清洁焊接口杂质和加速焊药溶解和流动。钢镊子用于夹持焊接完的工件进行淬火，小工件用15cm～20cm长的镊子，大工件可用25cm～30cm长的镊子。一些特殊的焊接部位需要借助反弹夹或万向反弹夹来固定工件。（图2-5）

第二种，以煤气为燃料搭配空压机的焊枪，当煤气从枪口的外圈溢出后被点燃，空压机排出的空气从另一管道输向焊枪，在焊枪口中间的细管中喷出，吹向外圈燃烧中的火焰，瞬间使火焰变成笔直的硬火，可根据焊接工件具体需要，调节火焰和空气的大小。

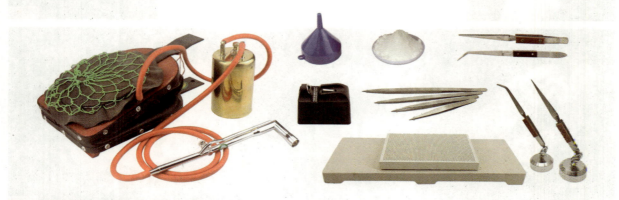

图2-5　焊枪套装、装油漏斗、点火器、硼砂助焊剂、钢镊子、耐火砖、反弹夹、万向反弹夹

第三种，以煤气为燃料搭配氧气瓶的焊枪。焊枪点燃后，开启氧气调节阀，调节火焰的温度。火焰的大小长短可以通过焊枪上的调节阀调整，使用过程中，氧气瓶需要放置在独立气瓶间。

第四种，以氢气+氧气为燃料的焊枪是水焊机，是以水为原料的氢氧焊接机的简称。水焊机是利用水在碱性催化剂（如氢氧化钠或氢氧化钾）的作用下，在电解槽两端通直流电，水发生电化学反应生成氢气和氧气，以氢气作为燃料，氧气助燃，经安全阀与阻火器再经氢氧火焰枪点火形成氢氧火焰。火焰可小到能用于精密焊接，也可大到熔化合金材料。（图2-6）

第五种，以丁烷气为燃料的手持气焊枪。可随时使用丁烷气体充气，与打火机使用一样的气体，原理一样，外焰温度可达到1280℃左右，适合小件首饰焊接，但不适合熔料。（图2-7）

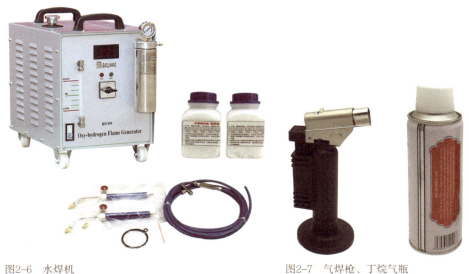

图2-6　水焊机　　　　　　　　　　　图2-7　气焊枪、丁烷气瓶

2. 火焰温度区分

焊接火焰构造分为三部分：焰心、内焰和外焰。其中在焰心前3mm处温度最高。焊接火焰分为三种：氧化焰、中性焰和还原焰。其中氧化焰和还原焰的焊接温度不够，一般焊接所用的火焰为中性焰。（图2-8）

图2-8　火焰的构造

以焊接过程为例，焊枪火焰可以通过调节燃气与助燃气，一般可以产生三种火焰：还原焰、中性焰和氧化焰。还原焰颜色明亮偏黄色，含氧量低。中性焰介于还原焰与氧化焰之间，是最常用的火焰。氧化焰比还原焰短，含氧量高，一般呈透蓝色，含氧量高的火焰会在金属表面留下很厚的火垢。但也不是所有的焊枪都会产生这三种火焰。皮老虎组装焊枪和手持气焊枪一般用软火和硬火来区分，软火含氧量较低，硬火含氧量高。（图2-9、图2-10）

图2-9　手持焊枪软火

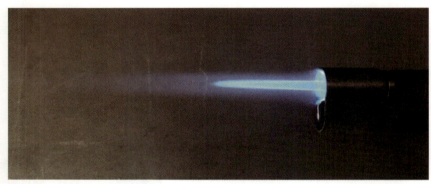

图2-10　手持焊枪硬火

3. 焊剂分类介绍

焊药

焊药在焊接中起到接合相同金属或不同金属之间的作用。焊药中金属调配比例也因不同的金属有其相对应的配方，焊药的熔点需低于结合金属的熔点。在焊接前需要在金属焊接处涂上用水调成稀糊状的硼砂（助焊剂），主要起到助焊作用。焊接中火源达到焊药熔点时，焊药熔化后流动性很好，会沿着两块金属的接合面渗入缝隙，此时移开火源，会迅速凝固。

依据焊接首饰工件的复杂程度可选择不同熔点的焊药，一般分为高、中、低三种耐温类型（表2-1），根据焊接次数，依次从高温、中温到低温的顺序使用。常用的银料主要以70%的银与30%的铜两种金属配制而成。银焊料的延展性很好，可加工成片状、线状、粉状和混合了助焊剂的膏状等。（图2-11至图2-14）

表2-1　925银焊药配方

焊药种类	925银	黄铜+补口
高温焊药	70%	30%
中温焊药	60%	40%
低温焊药	50%	50%

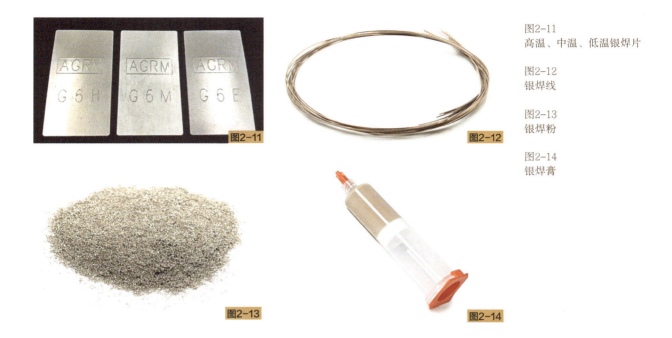

图2-11
高温、中温、低温银焊片

图2-12
银焊线

图2-13
银焊粉

图2-14
银焊膏

图2-11

图2-12

图2-13

图2-14

焊接过程中，除了混合了助焊剂的膏状焊药外，其他类型的焊药都需要搭配助焊剂使用，在焊接部位涂抹硼砂溶液。（图2-15）在高温火焰加热过程中，硼砂发生脱水反应，然后熔化并均匀流到焊缝处的金属表面，形成薄层。在持续高温加热下，焊药在达到熔点时会均匀地流到焊缝里，熔融的硼砂溶液形成的隔离层有隔离空气的作用，可以保护焊接部位。

图2-15 硼砂

4. 焊接操作训练

"皮老虎"组装焊具的操作要点：

（1）安全检查。首先检查"皮老虎"橡胶软管是否老旧开裂或漏气，软管需定期更换。燃油桶放在防爆柜内，防爆柜应放在远离明火和易燃易爆物的空旷区域。

（2）倒油操作。将原装油桶内的白电油，用抽油管抽到较小的铁壶中，方便后续加油。油量以壶身一半为宜，倒完油立刻盖好大油桶盖和铁壶盖，再放回防爆柜中。

（3）加油操作。首次加油时，在烧杯中倒入不超过100ml的燃油，然后拧开油壶盖，放上漏斗，将油倒入油壶，倒油时远离明火，避免洒漏，加完油立刻盖好壶盖。再次加油时，需要先将油壶内原有的剩油倒到烧杯里，再往烧杯内将白电油加至100ml，然后把烧杯里的油倒入油壶内，确保油壶内油量不超过100ml。

（4）点火操作。保证操作桌面干净整洁，没有易燃易爆物品。拧开调节旋钮，枪口朝外，轻踏鼓风球，能听到气体流动的声音。保持轻踏鼓风球的节奏，打开火机，将火苗靠近焊枪口点燃火焰，并将打火机放入抽屉。也可以配备电子点火器，操作简单安全。

（5）用火操作。用火过程中，可以通过调节火枪旋钮，结合轻缓有节奏地踏鼓风球来控制火焰大小。

（6）关火操作。停止脚踏鼓风球，这时火枪口的火焰自然变小，直到完全熄灭。把火枪挂回桌面固定挂钩上。

"皮老虎"组装焊枪的操作步骤：

a1. 拧开壶盖，检查油壶中剩多少白电油。

a2. 将壶内剩下的少量白电油倒到烧杯里。

a3. 往烧杯里添加白电油至100ml。

a4. 把漏斗插入油壶嘴，将100ml白电油倒入油壶中。

a5. 拧上油壶盖，把油壶挂到操作桌侧边。

a6. 拿起火枪，轻踏鼓风球，将火枪放到点火器点火槽内，点火时会听到"嗒嗒"声。

a7. 火枪点着后，可以通过调节钮调节火力大小。

a8. 操作完毕后，停止脚踏鼓风球。

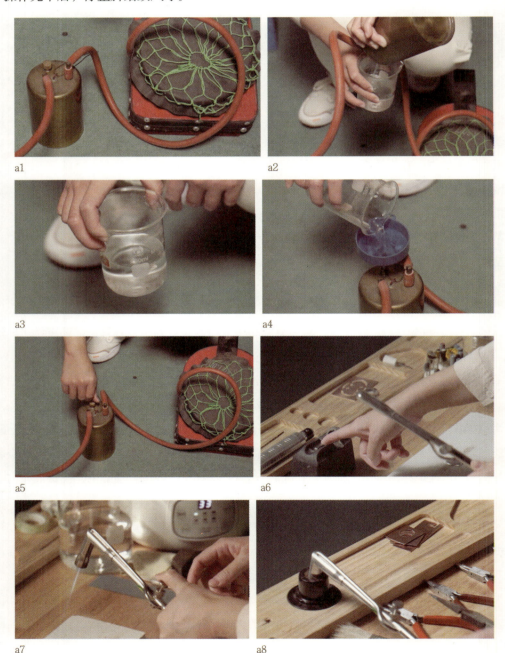

a1　　　　　　　　　　　　　a2

a3　　　　　　　　　　　　　a4

a5　　　　　　　　　　　　　a6

a7　　　　　　　　　　　　　a8

焊接注意事项：

保持工件洁净。焊接工件接合口保持洁净，表面有脏污或者氧化情况都会影响焊接。

接口紧密闭合。两个焊接工件的连接口之间不能有任何缝隙。

使用助焊剂。在焊接时使用助焊剂，以加强焊药熔化后的流动性。

焊药的摆放。小片焊药应直接放在焊接的上方或者下方，如果是焊接两个工件，焊药要同时接触两个部件的焊接处。

充分加热工件。焊接过程中，先均匀预热整个工件，在达到足够温度时，再持续加热焊接口处，大多焊药不熔化的情况主要是因为温度不够。

焊接的操作步骤：

b1. 准备两块紫铜片，并将要焊接的接触面用锉刀锉修平整。

b2. 用焊接反弹夹将一块铜片夹着，立在另一块铜片上。

b3. 用剪刀把银焊片剪成小碎片。

b4. 将硼砂粉兑水至黏稠状，把银焊药片放入硼砂液中。

b5. 用镊子将三块银焊药片分别夹起，沿着两块铜片接触面边缘的间隔处放好。

b6. 点燃火枪，轻踏鼓风球，火焰对着两块铜片整体均匀加热。

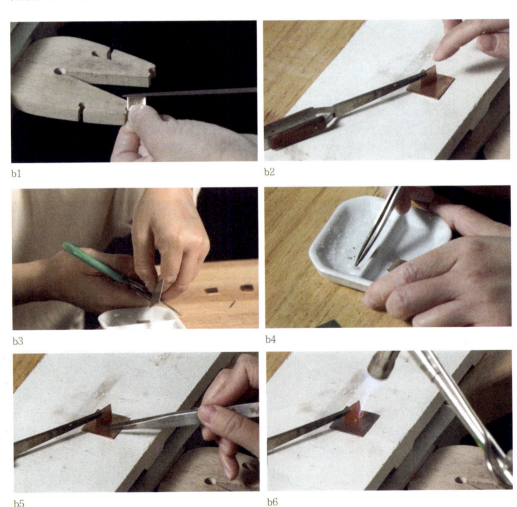

b1

b2

b3

b4

b5

b6

b7. 集中火力对着铜片接触面加热，直至银焊药熔化均匀流入两块铜片的接触面。

b8. 夹起铜件放入冷水中冷却，取出擦干，焊接完成。

b7

b8

甲虫模型焊接的操作步骤：

c1. 将图纸粘到黄铜板上，用锯弓沿着图纸线条外侧锯切下图形。

c2. 用锉刀把锯切下来的两块铜片边缘进行锉修。

c3. 对两块铜片进行退火处理。

c4. 用平嘴钳和尖嘴钳对铜片进行弯折，使甲虫造型呈三维立体，并对齐对准需要焊接的接合缝隙。

c5. 将银焊药用剪刀剪成小块，并放到调制好的硼砂膏碟里。

c6. 在需要焊接的接合处，均匀涂抹上硼砂膏，并放上适量的小块银焊药。

c7. 用火枪均匀加热整个甲虫后，集中加热接合口，直至焊药熔化均匀填满整个接合口。

c8. 用酸洗清洗擦干，然后用砂纸轮打磨甲虫整个表面。

c9. 用铜丝扫打磨整个甲虫表面。

c10. 完成甲虫模型制作。

c1

c2

c3

c4

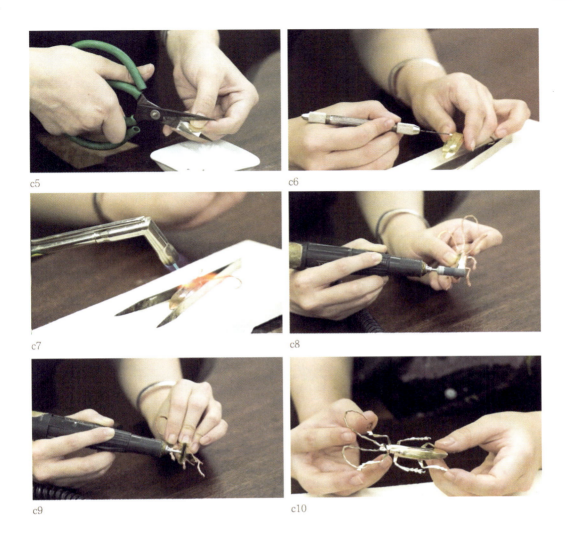

c5

c6

c7

c8

c9

c10

模型焊接制作练习如下。

任务要求：参照上文甲虫操作步骤和下文昆虫实物模型（图2-16、图2-18），根据下文设计图（图2-17、图2-19），制作金属昆虫模型。

任务目的：结合所学工艺，进一步熟练烧焊操作，学习制作胸针。

工具材料：80mm×80mm×0.8mm黄铜片、针扣、锯弓、锉刀、平嘴钳、尖嘴钳、焊枪、焊夹、耐火砖、银焊药、剪刀、硼砂膏、镊子、酸洗锅、砂纸轮、铜丝扫。

图2-16
叶子荷作品 昆虫胸针

图2-17
叶子荷作品　昆虫设计图

图2-18
高泽凤作品　昆虫胸针

图2-19
高泽凤作品　昆虫设计图

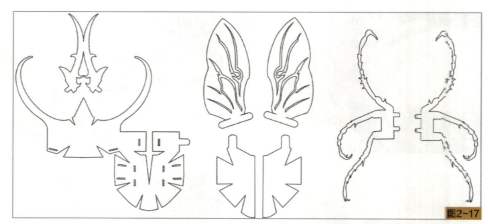
图2-17

图2-18

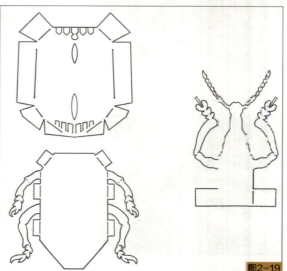
图2-19

5. 焊接后的酸洗

酸洗主要用于清除退火和焊接后表面产生的氧化物和焊接后助焊剂的结晶体，不同的金属需要的酸液配方不同。

对于金、银和有色贱金属，可由安全酸洗粉或明矾与水稀释（1份酸洗粉兑9份水）的酸液中进行酸洗。明矾是最安全的稀酸，但是浸泡的时间较久，加热的酸液能更快地清洗金属表面，同时酸洗金属所需的时间也取决于酸液的浓度，正常的酸洗时间大约需要5分钟。酸液可以用陶瓷慢炖锅装，需要酸洗时，按保温功能键就可以让酸液恒温。酸洗完之后需要再次用清水冲洗，酸洗无法去除抛光过程中产生的污物。

在焊接的过程中，如果使用大量硼砂助焊剂，当温度达到焊接温度时，硼砂会在金属表面形成一层玻璃状结晶层，如用锉刀锉修除可能会损坏锉刀，这时就需要用更长的时间进行酸洗，以确保金属表面干净。

二、碰焊

1. 碰焊机介绍

碰焊是首饰生产中常用的焊接方式，首饰生产企业多用小功率直流电碰焊机。使用的金属材料广泛，如黄金、铂金、银、钛、不锈钢等都可以用碰焊工艺焊接，操作简易，常用于焊接链子、耳钩、扣件等。首饰制作中无法用火枪进行焊接的点或面可利用碰焊机进行焊接。碰焊也可以用于烧焊前的辅助处理，像一些结构较为复杂的焊件，用碰焊机碰焊固定点，然后再进行烧焊，是辅助烧焊的非常有效的方法。

碰焊工艺除了在首饰生产中被广泛使用，也备受独立首饰设计师和艺术家的青睐。作为个人制作作品焊接时的必备工具，碰焊避免了烧焊后金属表面氧化变色、焊药和硼砂残留物等需要后续再酸洗的情况。简单的操作和简化工序给设计师和艺术家天马行空的创意的实现增加了一把利器。（图2-20、图2-21）

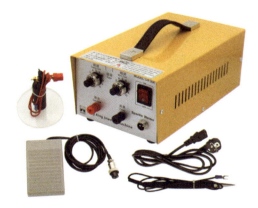

图2-20　氩气碰焊机

图2-21　数控碰焊机

在当代首饰创作中，综合材料的使用非常广泛，如木、石、纸、贝等材料，在与其他金属材料的组合制作中，都无法再次进行明火焊接，用碰焊制作冷连接是很有效的方法。在作品《翼》中，作品创意起于怀念一位朋友，思念如翼飞行，将思念载去远方。作品材料主要是木头和东陵石片，木头和石材的连接可以用专用胶，但是为了表现作品如翼的细节和动感，经过构思后，对石片进行排列钻孔，用银丝连接，并用碰焊机将银丝上、下两端碰击出半圆珠，构成与铆接原理相似的冷连接，使作品细节更完美。（图2-22）

碰焊在设计制作中可以进行各种创新运用。以学生刘丁伊的系列首饰作品为例，作品灵感来自对深圳建筑空间的印象。为了更深入主题设计，她穿梭于深圳各大公共建筑空间中，用她的角度捕捉每一个打动她的瞬间，沉浸在与空间的对话中，随后将这些体会融入系列首饰的设计中。选用不锈钢作为作品的主要材料，作品中不锈钢方管就如同这座城市的缩影，层层叠叠，高低错落，就像建筑最初的钢筋结构被搭建时一样，在焊接的火花中慢慢构建成一件件首饰，作品无形地融入了她朝气蓬勃、充满活力的内心情感，作品的颜色如星空与草原一般辽阔而富有想象空间，充分流露她内心对空间探索的好奇感和无限的遐想。（图2-23至图2-25）

图2-22　袁塔拉　胸针作品《翼》

图2-23　刘丁伊　胸针作品　　　　图2-24　刘丁伊　胸针作品　　　　图2-25　刘丁伊　项链作品

2. 碰焊机操作

石片碰焊连接的操作步骤：

d1. 准备好两片钻了孔的石片。打开氩气碰焊机，调到四档。

d2. 打开护眼灯，碰焊的全过程都是在护眼灯下操作，切勿在护眼灯以外裸眼直视碰焊瞬间的强光。

d3. 剪一段银丝，银丝的长度比两片石片的高度略高出2mm。

d4. 打磨银丝两端截面。

d5. 用尖嘴钳夹着银丝穿过石材的孔。

d6. 将银丝穿过两片石片。

d7. 将碰焊机的夹子夹到需要喷焊的银丝上，使碰焊的银丝通电。

d8. 在另一端用碰焊机笔头细针对准银丝横截面，会听到"砰"的一声，银丝的一头被碰"圆"。如果圆不够大，可以多碰几次，直至圆大于石片的孔的直径。

d9. 将石片另一边的银丝剪短，大约1mm长。

d10. 将另一面的银丝碰"圆"，完成石片冷连接的操作。

d1

d2

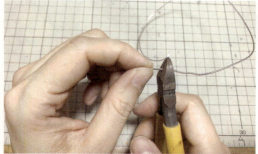

d3

d4

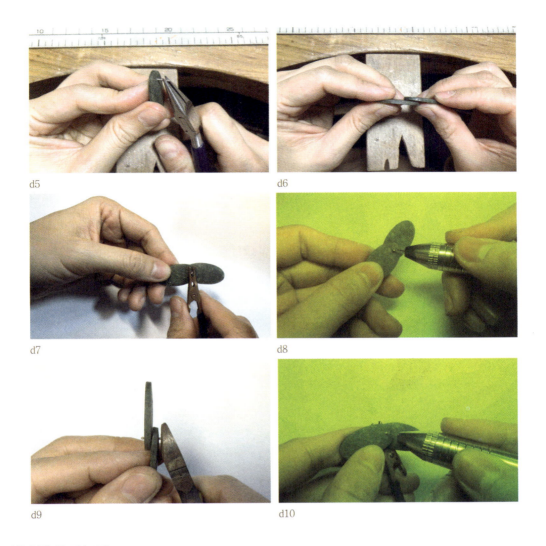

d5

d6

d7

d8

d9

d10

耳饰制作练习如下。

任务要求：参照石材碰焊连接操作原理和下文耳饰案例图片（图2-26、图2-27），制作一对运用碰焊连接结构的耳饰。

任务目的：结合碰焊技法，进一步熟练碰焊操作，学习制作耳饰。

工具材料：材料不限，工具需要使用碰焊机做碰焊操作，其他工具不限。

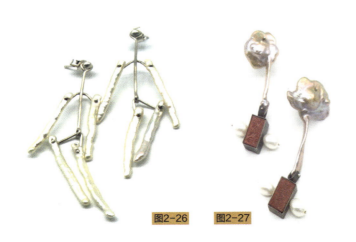

图2-26
袁塔拉作品　《行走》耳饰

图2-27
袁塔拉作品　《火烧云》耳饰

图2-26　图2-27

第二节　铆接

　　铆接工艺是首饰制作中不同材料之间连接的最常用方法。在当代首饰中，首饰制作材料的选择非常广泛，一件作品可能需要三种材料以上进行塑形，运用的有机材料可能无法与金属之间进行明火焊接，铆接就可以作为一个连接的选择。除了铆接之外，连接方法也可以单独作为一个结构设计要点，作为创新性的冷连接结构。

　　吴晓娜的系列作品《情绪》，主要材料是硫酸纸，设计灵感来自人的各种情绪。情绪是人内心世界的外在表达，任何的情绪都是人内心的情感。在"可见"的形式下寻求表达，纸的舒展是纸的空间感和褶皱感，纸是情绪的载体，亦是表达人的情感媒介。这个系列用硫酸纸多样化的颜色和折叠方式制作首饰的主体造型，与银制的佩戴功能结构结合，主要就是用冷连接的方式。（图2-28）

图2-28
吴晓娜系列作品　《情绪》　指导老师：周若雪

一、铆接的原理

铆接是首饰制作与加工中典型的冷连接处理方式。其原理是将部件与部件进行穿孔，将一节与孔洞直径相同的金属管或金属丝插入孔中，金属管或金属丝的长度以穿过两个工件的厚度上下约长出0.5mm为度，然后通过捶敲该金属管或金属丝，使之延展封口。该方式不需用火即可将两个原本分离的部件相连，故称为冷连接。（图2-29、图2-30）

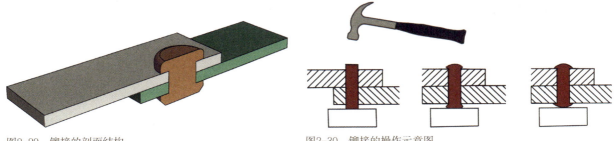

图2-29　铆接的剖面结构　　　　　　　　　　图2-30　铆接的操作示意图

铆接后的物体可根据铆接位置的不同保持固定或转动，不同材质的金属也可以根据实际制作需求通过铆钉进行连接。（图2-31）珐琅烧制后的小部件要进行组合连接，可以在烧制之前在铜片需要连接的地方预先打好孔，烧制后用紫铜管将需要做铆接的地方用铜管穿连起来，并捶敲完成铆接制作。（图2-32）综合材料设计创作中，经常用铆接的方式处理不可以被焊接的部件使之相连。（图2-33）

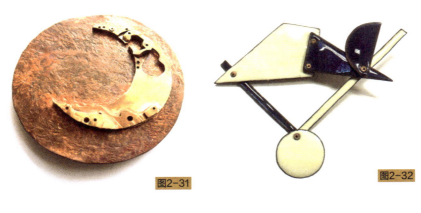

图2-31

图2-31

图2-33

图2-31
刘抒航作品　指导老师：
周若雪

图2-32
郭晨雨作品　指导老师：
周若雪

图2-33
吴晓娜系列作品　《情绪》　指导老师：周若雪

二、铆接的制作

铆接的串联形式分为以丝进行连接和以管进行连接。铆接封口处既可以是用锤子进行敲打，也可以是用火枪将一头熔成小圆球后再打磨进行操作。铆接所用到的管或丝可以与需要铆接的物体齐平，或略高于被铆接物体叠加后的高度。（图2-34）

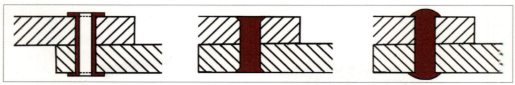

图2-34　金属管凸起式铆接、金属线齐平式铆接、金属线凸起式铆接

铆接的操作步骤：

a1. 将两片紫铜片打磨处理，选择相同直径的钻针和紫铜管。

a2. 用油性笔标好打孔的位置，可使用吊机或钻孔机进行打孔，然后把孔的毛边打磨平整。

a3. 用紫铜管将打孔的洞进行连接，上、下管各露出0.5mm。将这个长度进行标记。

a4. 将标记好的紫铜管用锯弓锯切。

a5. 把切好的紫铜管的切面打磨平整。

a6. 将锯好的紫铜管插入两片紫铜片圆孔交叠的孔中，垫在四方砧铁上准备进行操作。

a7. 紫铜管要与四方砧铁保持90°垂直，用小锤子以"十"字形方式轻捶紫铜管。一边捶一边观察紫铜管的变化。

a8. 当紫铜管边缘向周围扩大延展后，翻另一面继续以同样方式捶另一端的紫铜管。

a9. 当紫铜管被捶至完全贴紧被连接的部件时，铆接完成，之后将铆接的两端用锉刀及砂纸把紫铜管上的捶痕锉平修形。

a1

a2

a3

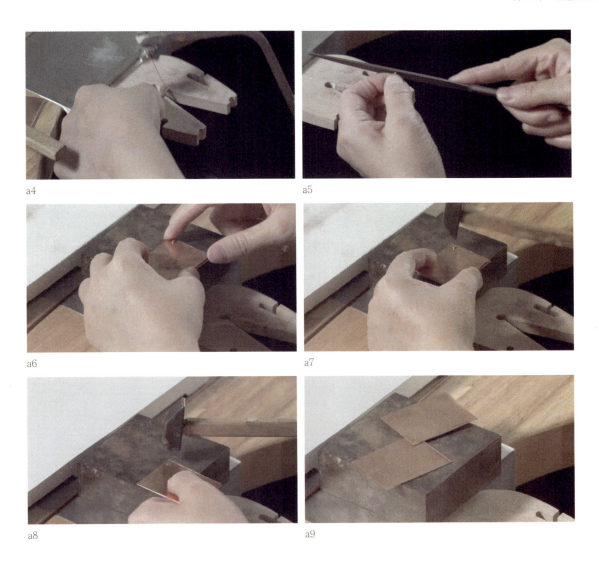

a4

a5

a6

a7

a8

a9

胸针制作练习如下。

任务要求：参照上文铆接操作原理和下文昆虫实物模型（图2-35、图2-37、图2-39），根据下文设计图（图2-36、图2-38、图2-40）制作昆虫胸针。

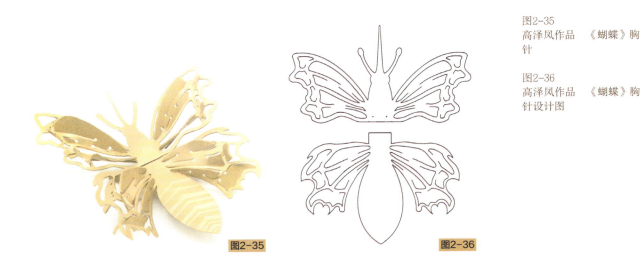

图2-35
高泽凤作品　《蝴蝶》胸针

图2-36
高泽凤作品　《蝴蝶》胸针设计图

图2-35

图2-36

图2-37 叶子荷作品 《蝴蝶》胸针

图2-38 叶子荷作品 《蝴蝶》胸针设计图

图2-39 黄舒华作品 胸针

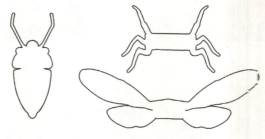

图2-40 黄舒华作品 胸针设计图

任务目的：结合所学工艺，进一步熟练铆接操作，学习制作胸针。

工具材料：80mm×80mm×0.8mm黄铜片、胸针扣配件、锯弓、锉刀、平嘴钳、尖嘴钳、焊枪、银焊药、硼砂膏、耐火砖、镊子、酸洗锅、喷砂机。

3

第三章

金属成型

章节前导
Chapter Preamble

　　首饰起版是首饰创意的直接转化手段。天马行空的创意最终都需要材料和工艺使其转化为目之所及的物件。在这个转化过程中，有趣的创意、材料的选择和工艺的掌握都影响着作品的诞生。本章内容通过对金属的线和面的成型方法、原理，运用操作案例进行详细的介绍，以丰富的主题展现多元的制作方法，重在展示不同工艺的叠加和综合运用，充分突出工艺在主题创作中的创新运用。

金属有收缩、弯折和可延展等特点，充分使用各种弯折和延展的制作技法，能使金属的线性与面性成型有更丰富的变化，为金属首饰制作打开一扇大门。一件好的首饰作品，可以有很多维度的评价方式，工艺制作作为首饰成型的方法，是衡量标准之一，一件好的作品运用高超工艺制作固然好，但要综合衡量的还是设计创意和制作工艺的完美结合。

对于工艺的学习，有一个普遍错误的导向和标签化的现象，就是会被定义为又脏又累、枯燥无味。这些形容过于表面化，工艺的传承是技艺与匠心的双重传承，德艺双馨才能成就大匠，沉得住气，静得下心，手艺才能精中求精。首饰制作过程是充满创造力和想象力的过程，当一个创意在心中萌生，并且一点一点地在手中慢慢成形，这过程中创作者完成了与个人内心的交流，并用手中的工具与材料对话，内心是充盈而富有情感的，将无形的感受都融入作品中，最后形成眼睛所能触碰到的每一个细节，留给人流淌于心中的平静之美。在新生一代首饰人中，他们不乏新鲜的创意和自信的表达，在学习了首饰制作的基础工艺后，巧妙地运用到作品中，才是学习的目的。

胸针作品《缠绕》从对碎石片的加工开始，展开了对材料的实验：以线为主要的设计元素，运用石材与金属线为主要制作材料；在经过对石材的切割打磨中，体验到材料的不同特性对塑形的影响，在材料的体积中寻找空间的平衡，并将这种平衡与线焊接构件的造型联系起来；在线与线的起伏之间、线与体块之间构建造型，在线的交接、碰撞、缠绕之间构建出虚与实的空间关系，作品轻盈中不乏稳重，视觉感在线条与体块之间获得平衡。（图3-1）

图3-1　刘余宏作品　《缠绕》胸针　指导老师：袁塔拉

在戒指作品《缠绕》中，线成为最根本的设计元素。金属丝与棉线两种材料在硬度、韧度、颜色、材质上都有较大的区别，作者通过弯曲焊接金属丝，构建了戒指的基础造型，棉线在指尖一圈一圈地绕到戒指上，颜色在作品中起到视觉调和的作用，绵密的丝线构成了作品中一个虚实融合的面，构成了作品中线与面的空间关系。（图3-2）

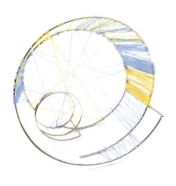

图3-2
刘余宏作品　《缠绕》戒指　指导老师：袁塔拉

第一节　线状成型

　　线材在首饰制作中的运用非常广泛。最典型的以线为基本元素的高阶制作工艺，如传统花丝工艺，所制作的首饰与工艺品，细节繁复而精美。线的设计表达可繁可简，成型方法很丰富，可以编织、堆垒、拧丝等，可根据具体的设计选择相应的制作方法。戒指作品《合》运用圆形的翡翠片作为戒面，取圆有圆融合一之美，戒指圈由2.5cm直径的银线交错而成，造型语言简练。（图3-3）

　　《方圆》系列戒指作品运用几何元素设计，并通过线构建作品的整体造型，线条在方圆之间变化。几何与线条的组合，构成不同的虚实空间。从不同的角度看，每个空间虚实都不同，都做到了空间的最大化。 作品运用几何造型里的圆形与方形，圆形代表感性中的成熟稳重、处事圆滑，方形的框架代表理性的直接、公正不阿。两者矛盾对立，又相辅相成，圆与方，感性与理性，构成和谐之美。（图3-4）

图3-3
袁塔拉作品　《合》戒指

图3-4　巫泽霞作品　《方圆》系列戒指　指导老师：袁塔拉

本节的操作例子主要运用银线制作耳钩的三种基础造型，以多样化的设计案例呈现耳钩的多样性设计。圆环链的制作是典型的线成型的例子，作为最基础的项链造型，设计拓展的可能性很高。空心管的后续制作与拉丝原理相似，不同外形的空心管也为制作添加了丰富性。成型常用的工具也相对简单，除了一般常规工具外，还需要不同钳嘴的钳子、绕线器、窝珠和坑铁。（图3-5至图3-8）

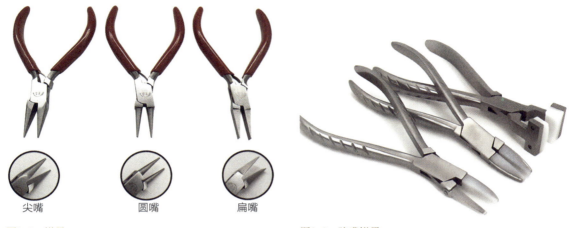

尖嘴　　　圆嘴　　　扁嘴

图3-5　钳子　　　　　　　　　　　　　　　　　图3-6　胶嘴钳子

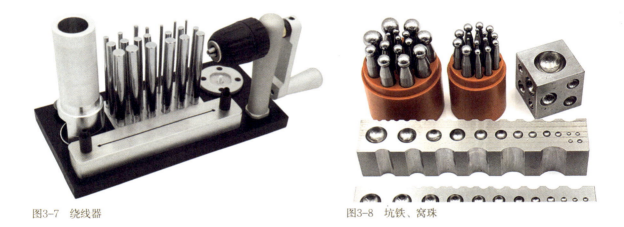

图3-7　绕线器　　　　　　　　　　　　　　　　图3-8　坑铁、窝珠

一、耳钩制作

在制作各种类型的首饰中，需要制作不同功能的配件，特别是制作耳饰的时候，耳针和耳钩的制作都离不开线材。在掌握了基础的耳钩制作后，可以根据耳饰的整体设计制作适合的造型，不同的耳饰主体造型应该有相应的耳钩设计。在耳钩原理的基础上，可以继续拓展耳钩的造型设计与制作。

在以下的耳饰案例中，作品《福系》与《无限》（图3-9、图3-10）两对耳钉是以耳针为主体配耳堵的形式制作。耳针制作相对简单，只需要制作8mm长的耳针，碰焊或者焊接到耳饰主体上，配上耳堵就完成了。作品《巢》的两对耳饰主要通过耳针结合线的设计与耳坠造型连接。（图3-11、图3-12）作品《行走》是一对银珠耳钉与耳坠组合的耳饰，银珠耳钉拆分佩戴。（图3-13）作品《福系》结合耳坠的造型设计做长耳钩设计，造型与主体造型协调，无须耳堵，佩戴简便。（图3-14）

图3-9　袁塔拉作品　《福系》耳饰

图3-10　袁塔拉作品　《无限》耳饰

图3-11　袁塔拉作品　《巢》耳饰

图3-12　袁塔拉作品　《巢》耳饰

图3-13　袁塔拉作品　《行走》耳饰

图3-14　袁塔拉作品　《福系》耳饰

耳钩的制作步骤：

a1. 用剪钳剪一段长约80mm的银丝，用锉刀将银丝横切面锉修平整。

a2. 用圆嘴钳夹住银丝一端，逆时针扭动圆嘴钳，把银丝扭成一个圆圈，然后在接口处把银线往圆圈的逆时针方向扭，形成一个类似"9"字的形状。

a3. 将银丝沿着戒指棍的曲面弯出耳钩的曲线形。

a4. 用尖嘴钳将耳钩尾端稍往外弯曲。

a5. 用尖嘴钳调整耳钩的整体曲线，第一种耳钩制作完成。

a6. 重新剪一段银丝，重复a1和a2步骤，制作一个"9"字针，用平嘴钳在1/3长的位置弯一个直角。

a7. 继续在离第一个直角约8mm处再弯一个直角。

a8. 再用平嘴钳将耳钩末端稍往外弯曲，第二种耳钩制作完成。

a9. 重新剪一段银丝，重复a1和a2步骤，制作一个"9"字针，接口略打开。

a10. 将银丝沿着戒指棒最粗的一头弯成一个大圆圈。

a11. 用手按压调整耳钩圆圈造型。

a12. 将耳钩末端弯曲，以能扣入耳钩另一段的圆圈不弹出为准。

a13. 调整戒指圈整体造型，第三种耳钩制作完成。

a14. 三种耳钩制作完成。

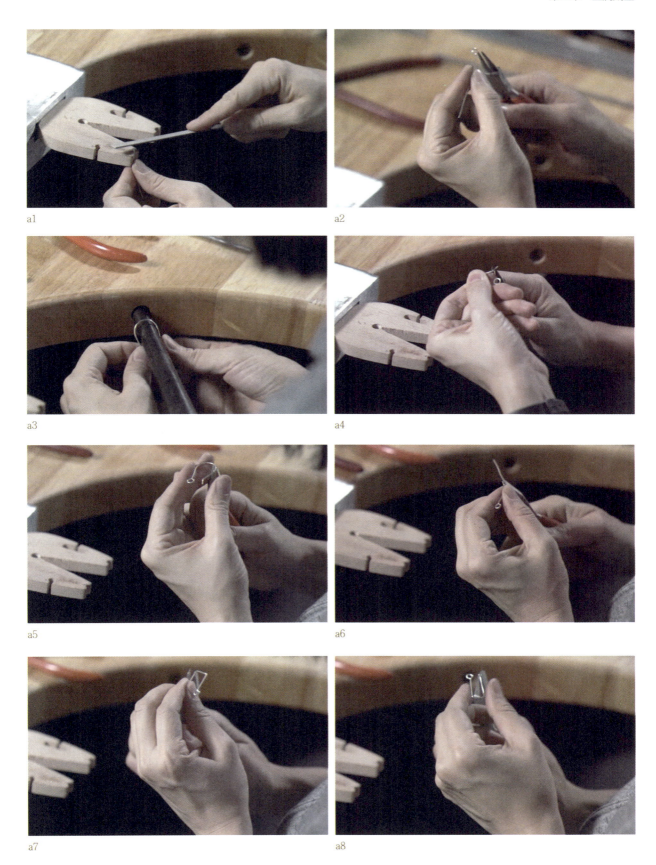

a1

a2

a3

a4

a5

a6

a7

a8

a9

a10

a11

a12

a13

a14

耳饰制作练习如下。

任务要求：参照上文耳饰例子（图3-9至图3-14）和耳钩制作，耳饰主体造型自由发挥，耳钉或耳钩佩戴功能与造型要和谐统一。

任务目的：结合所学工艺，进一步熟练耳钩制作，并通过设计制作符合耳饰设计的新耳钩造型。

工具材料：耳饰主体造型材料不限，耳针需用银丝、锯弓、锉刀、平嘴钳、尖嘴钳、焊枪、焊夹、耐火砖、银焊药、剪刀、硼砂、镊子、酸洗锅、砂纸轮、胶轮。

戒指制作练习如下。

任务要求：参照下文以线为主体的戒指例子（图3-15），运用线材作为主要材料，可以与其他材料搭配，制作一枚戒指。

任务目的：结合所学工艺，进一步运用线材制作首饰。

工具材料：铜丝/银丝、锯弓、锉刀、针锉、平嘴钳、尖嘴钳、焊枪、焊夹、耐火砖、银焊药、剪刀、硼砂、镊子、酸洗锅、砂纸轮、胶轮。

图3-15　学生习作　戒指

二、环链制作

圆环链是项链制作中的基础款，既可以当作独立的首饰，也可以作为连接结构。在掌握了圆环链的基础上，可以运用相同原理对圆链从材料、造型和结构上拓展运用，寻求更多的造型可能性。项链作为颈部范围内的首饰类别，从造型构成来说，它的形式有很多可能性，不同材料的线形、面形、体块之间通过连接结构，都可以构成项链的基础形，而作为最基础的环链，本身就是一个基础形，也是一个连接结构，从这个原理出发可以继续延展和创新。

作品《stress》表达了人在压力状态下，情绪和感官交错及生发张开时的状态。为了凸显压力的感觉，作者刻意在每个金属单体上加入随造型变化的石膏，使项链变得很重，让人们在佩戴时能真实地感受到力的存在。作品的链体部分是典型的环链形式，在链体间穿插金属单体。为了能使项链承重和造型上达成视觉平衡，链体的环形用了较粗的方形铜丝，使环链更有分量感。

作品《落入沼泽的金子》挂件部分与链体部分的连接是通过冷连接方式，链体部分每一个环都是用铜网折叠弯曲后用冷连接制作，构成一个具有视觉分量感，实际却又轻盈的链子。从结构造型来说，环链就是一个转化，如材料的转化、造型的转化、结构的转化。从这些方面出发，项链的形式可以被无限拓展，形成无数创意的结合。（图3-17）

图3-16　周若雪作品　《stress》项链

图3-17　袁塔拉作品　《落入沼泽的金子》项链

作品《野》的设计灵感来源于自然界的动物。在作者看来，大自然的生存法则是物竞天择，适者生存。想要生存必须学会竞争，自然的环境就是一个野性的环境。在自然界中，每一种动物都有自己独特的长相和特点，作品通过捕捉动物独特的面部长相，将动物野性的一面体现出来，将他们的面部形态通过曲线与面的简化处理，运用面的立体折叠方式呈现。羊头的造型设计方面，作者在设计图上做了羊的剪影展开图，抓住羊的面部特征，设计了五官造型的起伏变化，通过切割与弯折使造型呈现立体化。链子的部分由草的造型与环链构成连接，使项链造型整体统一。（图3-18）

作品《童趣》的设计主题来自对童年的印象，童年记忆充满幻想和快乐的趣味，对于每一个成年人来说，童年就如大海一般，所有的回忆就像跳动的旋律浪潮般起伏，幸福感涌入心间展露在嘴角。作品的设计元素由"圆"构成，链体部分的基础形是以一个大圆环为中心，左右两个由线连接的小圆环构成，也是一个圆环链基础形转化的例子。链子与蓝色挂件主体，在造型上也达成和谐统一的视觉感。（图3-19）

图3-18　王嘉霖作品　《野》项链　指导老师：袁塔拉

图3-19　刘芷君作品　《童趣》项链
指导老师：袁塔拉

环链的制作步骤：

b1. 准备好所需的紫铜丝，退火后放凉，选择所需粗细尺寸的绕线棒，用绕线器将紫铜丝一头插入绕线棒一端的孔内，然后一只手摇动绕线器手柄，另一只手拉紧紫铜线沿着绕线棒旋转形成紧凑的线圈。

b2. 取下绕好的紫铜丝线圈，将首尾两端翘起的紫铜线剪去。

b3. 用锯弓沿截面锯开，得到多个接口错开的小圆环。

b4. 用尖嘴钳和平口钳将一部分小圆环接口合起来，以圆环截面完全闭合、没有明显缝隙为准。

b5. 将一部分圆环接口进行焊接。

b6. 把未闭合的圆环扣入两个已焊接好的圆环中，然后用尖嘴钳和平口钳将接口闭合。

b7. 将所有组件排好，把中间作为连接的圆环接口焊接好。

b8. 把所有焊接好的组件，依次用圆环串联起来。

b9. 继续将串联的圆环全部进行焊接，可以根据需要重复前面步骤制作相应长度的链子。

b10. 制作一个比链子圆环略大一些的圆圈，再做一个"T"形扣，以扣入圆圈能扣紧为准。

b11. 用圆嘴钳扭一个"S"形扣，然后退火后把"S"形扣放在四方砧铁上，将首尾末端捶扁平，并打磨平整。

b12. 把"S"形扣一端和圆环链穿起来并把接口闭合，另一端保持略开，便于扣链子。

b1

b2

b3

b4

b5

b6

b7

b8

b9

b10

b11

b12

环链设计制作练习如下。

任务要求：参照上文项链的例子（图3-16至图3-19）和环链制作，项链的主体部分造型自由发挥，项链的连接结构在所学基础上进行再设计，与项链主体部分造型协调统一为准。（图3-20、图3-21）

任务目的：结合所学工艺，进一步熟悉练习环链制作，并通过再设计制作新的连接方式的项链。

工具材料：黄铜片／紫铜片、黄铜线、锯弓、锉刀、平嘴钳、尖嘴钳、焊枪、焊夹、耐火砖、银焊药、剪刀、硼砂、镊子、酸洗锅、砂纸轮、铜丝扫、胶轮。

图3-20
学生项链习作

图3-21
学生针扣式项链习作

图3-20

图3-21

三、管形的制作

管形的制作是对拉丝制作的一个拓展，拉丝是制作实心的线材，而管形是制作空心线材。制线和制管都离不开拉线板，拉线板的孔形也很多样，可以根据设计需求进行选择。制作任何管形之前，都需要先制作一个近似空心的管，焊接后再进行与拉丝相似的操作。

管形的制作步骤：

c1. 先锯一片长方形紫铜片，将紫铜片的一端左右两个角锯掉。

c2. 用锉刀锉两侧使其平整，方便后期对齐焊接。

c3. 将紫铜片退火放凉后置于型铁中适合的凹槽上，选择适合的窝珠，将圆柱体的一端压在紫铜片上，用锤子敲至紫铜片弯曲。

c4. 重复c3步骤，依次将紫铜片置于型铁另一凹槽从大到小进行敲打，紫铜条逐渐变成半弧形。

c5. 用锤子轻敲紫铜条侧面两端，使其闭合成管状，并将接合位置进行焊接。

c6. 选择一个孔形为六边形的拉丝板，并卡入压片机的拉丝板卡槽中。

c7. 将紫铜管插入拉丝板的孔里，用钳子夹住紫铜管尖头的一端，将紫铜管从拉丝板拉出，依拉线板孔从大到小的顺序，进行拉丝操作，中间需要适时进行退火。

c8. 将紫铜管进行酸洗，完成六边形紫铜管的制作。

c1

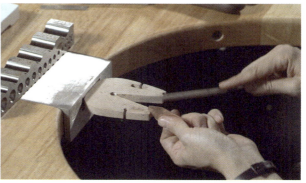

c2

c3

c4

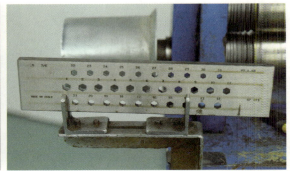

c5

c6

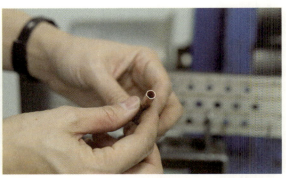

c7

c8

第二节　面状成型

　　金属面的成型主要是充分利用和拓展材料的可塑性特征。金属板和片都是面状成型的基材，通过用錾子、模具和锤子等工具，敲击金属表面，使金属变形，结合退火与淬火，反复敲击，金属可以被加工成多样化的三维立体造型，为后续制作首饰的塑形做充分准备。与基础工艺比，面的成型制作空间更大，自由度更高，可以根据设计需要同时叠加所学工艺，使作品有更强的视觉语言。

　　作品《勺子》意在把勺子这种常见的物品拟人化，创作了不同状态和心情的勺子，有的是可以贴合五官的，代表可以与人亲近的状态，也有带刺的和瑟缩状态的。作品主要制作材料为黄铜，使用了雕蜡与金工结合工艺。（图3-22）

图3-22　周若雪作品　《勺子》系列胸针

　　作品《随想》的成型基于一块紫铜片，主要用金工造型锤将紫铜片进行敲打。对作品的造型有大致的构思之后，画好捶敲的区域线，然后将紫铜片放置在有凹坑的木墩上，用圆头锤对需要做凸形的区域进行敲击，使整个铜片慢慢形成四个区域的凸形，再用尖头锤继续敲击凸形区域，同时缩小区域间的分界线，使作品表面形成肌理。完成整体大型后，酸洗清洗再用铜刷抛亮，制作胸针背针，并将作品下半部分做铜绿处理，上部分做发黑处理，最后表面喷亚光清漆。（图3-23）

　　作品《青黛》主要通过对几块铜片的敲打处理，使每一片的形状都成凹形。作者将铜片进行组合构建作品的大形，确定最佳角度后，将铜片之间的接触点进行焊接，并焊上银胸针扣，最后把胸针主体部分进行铜绿处理。（图3-24）另一个系列作品《囧》造型是以脸为基础造型，主要的成型通过敲打，以圆形紫铜片作为基材，先将铜片通过坑铁敲成半圆，再将其固定在火漆碗上。通过錾子对作品的细节进行刻画，正反面反复敲打刻画，成型后焊接胸针扣，再酸洗清洗，然后用火焰进行烤色，最后做表面喷漆处理。（图3-25）

　　以上作品的成型都基于捶敲，使作品展现出不同的形态，但主要还是在于创作人的个人表达和审美观，工艺只是方法和手段，需服从思想和创意。

图3-23　袁塔拉作品　《随想》胸针　紫铜做旧

图3-24　黄舒华作品　《青黛》胸针　指导老师：袁塔拉

图3-25　徐锦宏作品　《囧》系列胸针　指导老师：袁塔拉

一、球面成型

　　球面制作中，主要工具是窝珠、窝作和冲片模。冲片模的模孔有各种造型，便于冲出边缘工整的片。在做球面造型时可以用圆孔冲片模，将平整的金属片冲出一个完整的圆片，然后依次选择不同大小的窝珠和窝作将圆片加工成球面。可以结合前面所学的碾压肌理的操作方法，先将铜片碾压出肌理，再锯切圆片或者进行冲片，然后在圆片的表面贴上胶带，保护好肌理，最后敲成球面。（图3-26、图3-27）

图3-26　冲片模　　　　　　　　　　　　　　　　　　　　　　　图3-27　坑铁、窝珠

　　球面的制作可以延续到圆球的制作，也可以作为独立的造型元素，进行组合设计制作出更丰富的造型。巫泽霞的作品《方圆》运用简单的方与圆的几何元素，圆的凹面用坑铁模具制作，圆片通过冲片模在铜片上冲出，带圆洞的金属片为戒指圈的一部分，外轮廓切成方形，扁线连接所有部件，作品空间感强，充分体现线与面的视觉关系。（图3-28）

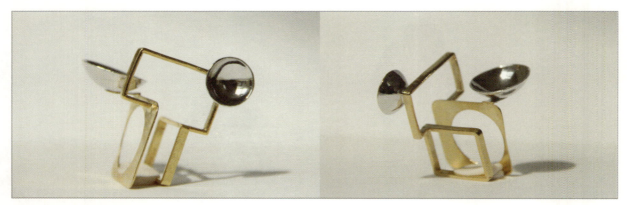

图3-28　巫泽霞作品　《方圆》戒指

冲压圆片的制作步骤：

a1. 确定好需要冲片的圆孔尺寸和相匹配的冲头。

a2. 将紫铜片插入冲片模具侧边中间的夹缝中。

a3. 紫铜片必须覆盖整个需要冲片的圆孔，不能留空隙，将冲头插入冲片模的圆孔内。

a4. 将冲片模平放在木桩上，用锤子捶敲冲头顶部，直至冲头向下的力把圆形紫铜片冲出。

a5. 在拔冲头的时候，如果卡得太紧难以取出时，可将冲片模先拆开再反向敲冲头，把它敲出孔位。

a6. 一般冲出的圆片边缘都会有一点毛边，需要用锉刀沿着边缘进行修整。

a1

a2

a3

a4

a5

a6

半球体的制作步骤：

b1. 用圆规在紫铜片上画直径20mm的圆。

b2. 用锯弓将圆片锯下。

b3. 将圆片边缘进行锉修。

b4. 将圆片退火，然后冷却。

b5. 选择略大于圆片直径的凹坑，然后选择略小于凹坑直径的窝珠。

b6. 用窝珠圆头抵住紫铜片，用锤子捶敲窝珠顶部，将紫铜片敲到完全贴合凹坑，直至敲出所需的弧面造型。

b7. 不断退火并重复上一步的敲打，圆片不断凹成半球体，在此期间要根据圆片的大小调整选择合适的窝作凹坑和窝珠，直至敲打出所需形状的半球面。

b1

b2

b3

b4

b5

b6

b7

球体的制作步骤：

（1）在半球造型的基础上，完成了两个半球的敲制，其中一个半球在敲击之前先钻一个小孔（避免在密闭空间焊接，防止爆炸）。

（2）两个半球都制作完成后，将边缘锉修平整，保证两个半球合上时是无缝状态后，即可开始焊接。

（3）焊接时，将两个半球用葫芦钳轻轻固定住（或用细铁丝缠住），再在接缝处涂硼砂，用焊药进行焊接。

（4）焊接完成后将球体进行酸洗。

（5）进行最后的打磨抛光。

二、对折成型

对折成型能充分利用金属的特性，制作体量大、有质感，又不需要焊接的造型。使用的工具比较简单，主要是錾花锤、四方砧铁、台虎钳、木墩等。将退火后的金属片通过台虎钳夹紧，进行对折敲打，然后再在四方砧铁上将对折的地方敲紧，再继续沿着金属开口的边缘一遍一遍反复地敲打，因为金属的外延性随着敲打金属渐渐延展，可以展开它，然后再进行弯曲塑形。（图3-29）可以沿用同样的原理，对金属片进行不同形式的折叠、锻打、展开、再锻打，形成理想的造型。

图3-29　学生作品　对折成型

对折成型的制作步骤：

c1. 将尺寸为60mm×60mm的银片进行退火处理。

c2. 把银片放在坑铁最宽的凹坑里，取一只窝珠横放在银片上，进行敲打使银片弯成弧面。

c3. 将银片弯折后，手握银片一头，将银片侧立横放，用锤子沿着边缘敲打至折叠。

c4. 沿着对折开口的一端朝另一端画一条半圆弧线。

c5. 用锯弓沿着弧线锯切，将对折银片开口的两个边角锯切掉。

c6. 将锯好的银片进行退火，放凉后放置到四方砧铁上。

c7. 用金工锤沿着银片弧线对折口的一端开始锻打，紧密锻打至另一端。

c8. 重复上一步的操作两次后，银片的两边已经往外延展，再进行退火处理。

c9. 继续重复c7步骤，将银片对折开口边缘锻打三遍。

c10. 银片经过锻打后变硬，继续进行退火处理。

c11. 继续重复c7步骤，银片两端的尖角继续延展。

c12. 银片锻打完成，最后进行退火。

c13. 用尖嘴钳沿着对折口慢慢掰开。

c14. 用平嘴钳调整银片造型。

c15. 将银片进行酸洗。

c16. 银片对折成型制作完成。

c1

c2

c3

c4

c5

c6

c7

c8

c9

c10

c11

c12

c13

c14

c15

c16

三、锻打成型

　　锻打成型主要是运用锤子在金属表面进行捶打，从而塑造金属造型的工艺。通过锻打金属可以被塑造成曲面和锥形等形状，使用的工具比较简单，主要有锻打锤子、錾花锤和敲花锤在金属上锻打出有角度的曲面，圆头锤可以在金属表面留下圆坑。（图3-30）在锻打的过程中，圆形的和弧面的砧铁可以将金属往更立体的方向扩展，便于制作中空的器具，而平的四方砧铁用得比较多，平砧铁对金属表面的影响较小，把一个长方形的金属片放在平面的四方砧铁上，用扁头锤在金属片的一头到另一头密集锻打，金属片会渐渐延展，然后再进一步弯曲造型，可以营造丰富的曲面造型。（图3-31）继续拓展制作，可以在不同的基本造型上，运用锻打制作有机造型。唐迪的银制花卉造型作品充分运用锻打成型的工艺，制作出细节丰富的花卉造型。（图3-32）

图3-30　锻打锤

图3-31

图3-31　学生习作　胸针、戒指、耳饰　花卉造型锻打成型

图3-32　唐迪作品　头饰　花卉造型锻打成型

花卉造型的操作步骤：

d1.　准备银片（或铜片，厚度0.5mm～0.6mm），在银片上用油性笔画两个圆，大小根据银片的大小而定。在圆形中线处画出花瓣的分区。

d2.　用锯弓沿着所画线稿锯切下银片，并将边缘用锉刀锉修。

d3.　对银片进行退火，以便后续捶敲加工。

d4.　将银片放置在四方砧铁上，准备好两把扁头金工锤。

d5.　手握银片一端，用锤子沿着银片弧线边缘从头到尾敲打，锤与圆边垂直并以圆为轴顺时针反复捶打，中间需要适时退火。

d6.　银片花瓣是中间厚、边缘薄，每完成一次圆周的敲打，下一次循环敲打时，捶敲区域要在上一次的边缘方向外移一些。最后两次只敲打银片边缘部分。由于银片在捶打过程中会延展，延展重叠部分需要用钳子分开，错开后在四方砧铁上继续捶敲。

d7.　两个银片捶敲完成后，需要锉修边缘，再退火处理，大的花瓣是花的外围，用胶锤敲平。

d8.　小的花瓣放入合适的窝作凹坑里，窝珠轻捶成凹形。

d9.　两片花瓣的制作基本完成，细节后续再做调整。

d10.　取一段直径0.5mm的纯银丝，分剪出50根，每根约10mm长，将一根银丝的一端用火枪外焰烧熔出一个小球，制作花蕊。

d11.　取一段直径0.5mm、约10mm长的银圆管，将直径0.8mm的空心圆球焊接在圆管的一端，制作花心。

d12.　将做好的细花蕊围绕着花心排成约两圈，可以用502胶水固定，最后用细丝捆在一起，将花蕊和花心焊接固定后，将细丝拆除，检查所有花蕊都焊上后，用酸洗清洗，把末端不齐的部分切除。

d13.　在两片花瓣中心钻孔，钻孔的直径与花梗银丝直径一致。

d14.　剪一段直径1.7mm、长120mm的925银丝，长度可以根据实际比例调整。将银丝一头用火枪烧熔增大末端直径，然后穿过小花瓣中心的孔，拉至末端粗的一头，然后将花瓣和花梗焊接在一起。

d15.　将花蕊焊接在花瓣中间。

d16.　把外围的大花瓣插入花梗，继续把花瓣与花梗焊接起来，然后用酸洗清洗，打磨细节。

d17.　用带胶套的尖锥钳调整花瓣的细节，用镊子把花心调整展开，完成制作。

d1

d2

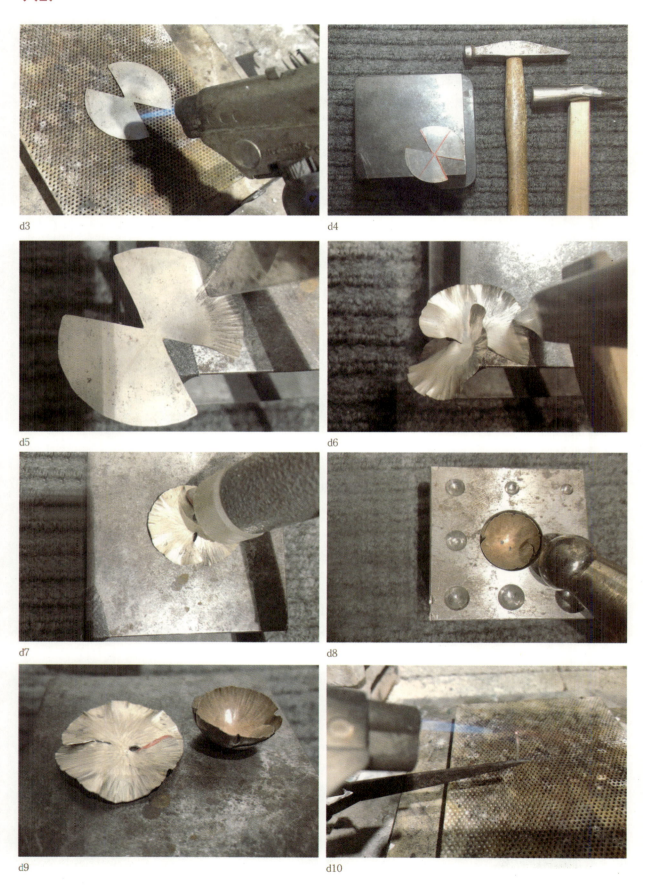

d3

d4

d5

d6

d7

d8

d9

d10

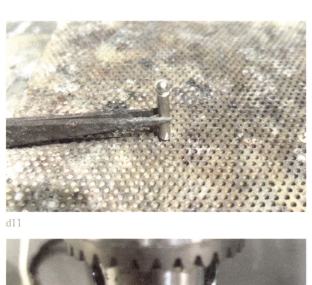

d11

d12

d13

d14

d15

d16

d17

花卉造型实操练习如下。

任务要求：熟悉上文捶打花卉造型操作原理，参照下文实物作品（图3-33），运用锻打工艺制作一件花卉造型作品，类型可以是胸针、戒指或者耳饰。

任务目的：结合所学工艺，进一步熟练锻打成型的操作。

工具材料：铜片／银片、胸针扣和耳堵配件、铜丝／银丝、铜管／银管、金工锤、砧铁、锯弓、锉刀、平嘴钳、尖嘴钳、焊枪、银焊药、硼砂、耐火砖、镊子、酸洗锅。

图3-33 唐迪作品 锻打花卉造型

四、敲花成型

錾花工艺是通过敲击金属片使其成为半浮雕造型的制作工艺。在金属表面做很丰富的纹样，一般多用较薄的金属片，通过锤子、錾子进行正反面敲击，形成线条、肌理、浮雕等表面效果。在制作过程中，除了一般常用的首饰制作工具之外，还会用到木錾、錾子、松胶等。（图3-34至图3-36）松胶主要用来固定金属片，当用木錾或錾子敲击金属片的时候，松胶也跟着凹入，但仍然能继续支撑金属片。在加温后松胶会变软，冷却时变硬，能提供足够的硬度。

图3-34 木錾

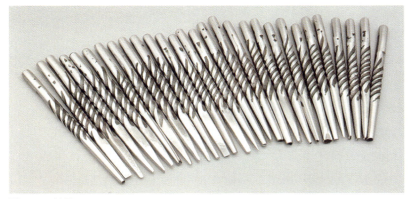

图3-35　錾子　　　　　　　　　　　　　　　　　　　图3-36　松胶

　　松胶稳定、坚固同时富有弹性，纯沥青过于柔软，无法支撑金属片塑形的力度，所以要根据一定的配方来配置可用于敲花的松胶。松胶的主要成分是松脂或者沥青，还需要添加浮石粉或黄土作为添加剂，这些添加剂能使沥青硬化的同时又产生弹性。除此之外，还需要添加植物油或者亚麻油，主要起软化作用。

　　錾花的制作步骤：

　　e1. 将图案打印出来并在背面叠上复写纸。

　　e2. 用笔描出图案造型，图案被转印到紫铜片上。

　　e3. 选择一只錾头厚的刻线錾、一只錾头窄的刻线錾和一把锤子。

　　e4. 左手握着窄的刻线錾垂直放于紫铜片的图案线条上，右手用锤子敲击刻线錾顶部，敲击的过程中，刻线錾慢慢沿着图案线条方向移动。

　　e5. 重复e4步骤，直至整个图案的线条都完成刻线。

　　e6. 将刻完线的紫铜片进行退火处理。

　　e7. 退火冷却后，对紫铜片进行酸洗。

　　e8. 准备好木錾子和锤子。

　　e9. 将紫铜片放置在软胶（松胶、黄土、植物油制成）上进行初步起形，用木錾子和锤子敲打出整个浮雕的初步凹凸结构。

　　e10. 在紫铜片有了初步凹凸面后，开始进行上胶步骤。

　　e11. 在上松胶前先将紫铜片的四个角敲至弯曲，为了后面上胶时与胶面更贴合。

　　e12. 上胶时要用火枪均匀加热胶面，防止加热过度导致冒烟，因胶着火后产生的气体对人体有害，所以在加热时注意不要把胶点燃。松胶软化之后，用锤柄按压紫铜片，使其与松胶之间更加贴合、没有空隙。

e13. 加热紫铜片，继续调整到合适位置，上胶完成后，冷却大约20分钟。

e14. 根据图案线条特点，使用不同錾头和錾子，进一步深入细节的塑形。

e15. 紫铜片被不断敲击后会变得越来越硬，这时要及时进行退火，然后再重新錾刻，所以要用火枪加热松胶进行下胶的操作。

e16. 在松胶开始软化时，用一块作废的金属片把胶往四周拨开。

e17. 用镊子夹起紫铜片，用火枪加热紫铜片直到紫铜片上的胶也溶掉。

e18. 将紫铜片用镊子取出，再进行酸洗清理。

e19. 将紫铜片多余的部分裁掉，方便接下来的锯切操作。为防止裁片的时候把已经锻造好的造型压弯，裁切时在图案外约5mm的位置进行裁切。

e20. 用锯子把锻造好的形沿着边缘锯下来。

e21. 用大锉刀和半圆锉锉修紫铜片边缘。

e22. 将针锉分别裹上400目、800目和1200目的砂纸，对紫铜片边缘进行打磨。

e23. 打磨完成之后进行金属染色处理，将打磨好的紫铜片泡进硫黄溶液中，其间可以用筷子夹起来查看染色进程，直到达到理想的颜色。

e24. 夹出紫铜片并进行清洗，完成制作。

e1

e2

e3

e4

e5

e6

e7

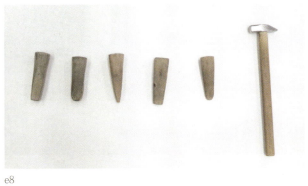
e8

e9

e10

e11

e12

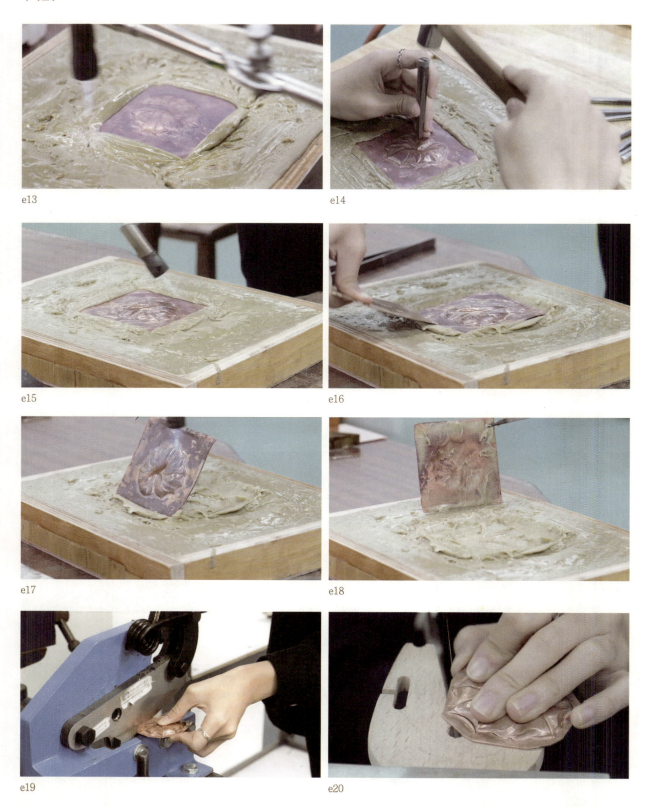

e13

e14

e15

e16

e17

e18

e19

e20

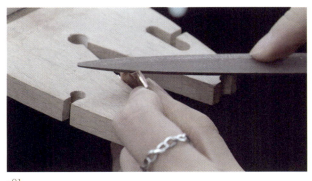

e21

e22

e23

e24

第三节　综合制作

　　当代首饰艺术观念的发展，同时也促进了工艺的发展，首饰起版在当代应该有多元化的呈现。商业首饰已经形成了非常系统的起版制作流程，并且随着3D技术的逐渐成熟，起版流程也在更新迭代，未来的首饰起版应该从概念和工艺上朝着更多元化的方向发展。本节主要通过丰富的主题性案例，展示作品制作的综合性运用。首饰的设计与工艺是互相促进的关系，设计的流程其实是可以相互倒推的。可以基于设计寻找能实现创意的工艺来制作首饰，也可直接从工艺制作步骤出发，一边制作一边设计。

　　《看故宫》的创作灵感来自对故宫内建筑的一次调研。很多时候，人们在故宫里参观只能透过窗户往里面看每个宫殿的建筑内饰，因为大多数宫殿都是不允许进入的。由此产生了很有趣的现象，几乎所有故宫游客都是趴在窗户边上，隔着雕花窗棂往里看。而在一次偶然的故宫一日游中，在故宫一个不起眼的亭子里，创作者得到了由内向外看的视角，透过窗棂由外向内只能看到历史的痕迹，看到百年前留下的装饰和文物，而坐在亭子里从内向外看到的则是现代的人群、远处宫墙外的现代建筑，这更像是故宫本身看这个日益变化的世界的视角。由这个点出发，作者创作了这两副眼镜，复刻了在故宫里的视角，以木质装饰窗棂与金属镜框相结合进行制作。（图3-37）

图3-37　周若雪　《看故宫》

　　在当代文化的大熔炉中，新生代的首饰创作人和设计师创意的闪光点犹如浩瀚宇宙中闪烁的星辰。这些作品传递着创作人积极向上的精神和丰富的情感。作品《极光》（图3-38）造型上以深海发光虾、热带虾蛄等生物为设计灵感，利用镍箔片和激光PVC片的可塑性，无焊接地把平面的四方形变成稳固的立体物，作品材料使用了大比例的暗色，表现深海宽广且黑暗的环境，而激光PVC则代表发光的自己，整体作品表达了即使在黑暗的深海里也可以发光，照亮自己，照亮别人。

　　作品《闻风而来》（图3-39）的基本元素灵感来源于宝石博物馆的外墙装饰，外墙是由一面面可晃动的金属片组成的，风吹的时候就会有晃动的效果，样子波光粼粼。生活中的美好体验，在经过转化之后，用首饰的形态再现，可以说首饰就是情感的媒介，记录着年轻学子们的美好个人经历。作品《感官》（图3-40）围绕"感官"而展开，从感官的功能与首饰的佩戴方式做有机联系并继续拓展首饰的功能性，将首饰的功能性与感官功能联结，从而延伸出作品的造型，内涵、造型与功能性三者相结合。

图3-38　陈弈锴作品　《极光》胸针　　　　　图3-39　刘芷君作品　《闻风而来》戒指

图3-40　童海兰作品　《感官》系列

当代首饰创作、设计与工艺制作多样化发展，结合当代新生首饰人的时代背景，让创造本身可以从多维度出发，在不同的观念、材料、造型、工艺等方面进行更全面和更深入的实验，为作品的呈现提供更大的空间。

一、作品《生生之地·禾》　作者：周若雪

制作灵感：

来自田间稻穗随风摇摆的景象，用装饰画的形式和金属工艺的方法进行了再创作。表达一种收获和自然肆意生长的状态，也象征着一种不被束缚、自在随意的心理暗示。（图3-41）

图3-41　周若雪作品　《生生之地·禾》胸针

材料工具：

银片、银管、钢针、酸洗池、锯子、锉刀、砂纸、转印纸、油性笔、焊片、硼砂、镊子、火枪。

制作步骤：

a1. 将设计图1:1比例转印至银片上，沿线将形状锯好，比对边缘进行打磨。

a2. 用钻针将所有需要镂空的位置打孔。

a3. 用银管和银片进行背针的制作，先将小片银片按所需尺寸裁切好，并锯出相同宽度的银管。将小片银片和一条相同宽度的银管，以对齐叠加的方式焊接在一起，之后再焊接到主体物的背面。

a4. 在银管的对侧，以同样的宽度做出背针的钩并与主体物进行焊接。

a5. 焊接完毕后放入酸池进行酸洗。

a6. 酸洗过后冲洗干净并晾干，再进行最终的打磨抛光处理，最后将钢针穿到银管上。

a1

a2

a3 a4

a5 a6

二、作品《深圳特区 40 华诞纪念饰品系列》 作者：谢丽娜、周若雪

制作灵感：

作品造型源自深圳特区40年华诞，以数字"40"为平面设计图样，并运用银弯折的造型制作数字"4"和"0"，纪念深圳成立40周年。（图3-42）

图3-42　谢丽娜、周若雪作品　《深圳特区40华诞纪念饰品系列》胸针

材料工具：

银片、银丝、酸洗池、转印纸、锯子、锉刀、圆嘴钳、尖嘴钳、砂纸、油性笔、焊片、硼砂、镊子、火枪。

制作步骤：

b1. 预先将准备好的原大小尺寸图转印到银片上。

b2. 沿线将形状锯下来。

b3. 打磨锯好的银片。

b4. 将银片弯折成所需的形状。

b5. 将弯折好的造型与设计图进行比对，继续调整细节。

b6. 开始制作胸针的背针，用锯子将所需尺寸的银丝锯下。

b7. 需要加针的位置用记号笔标注好，用夹子把银丝固定住并进行焊接。

b8. 焊接完毕后进行酸洗，最终打磨并抛光。

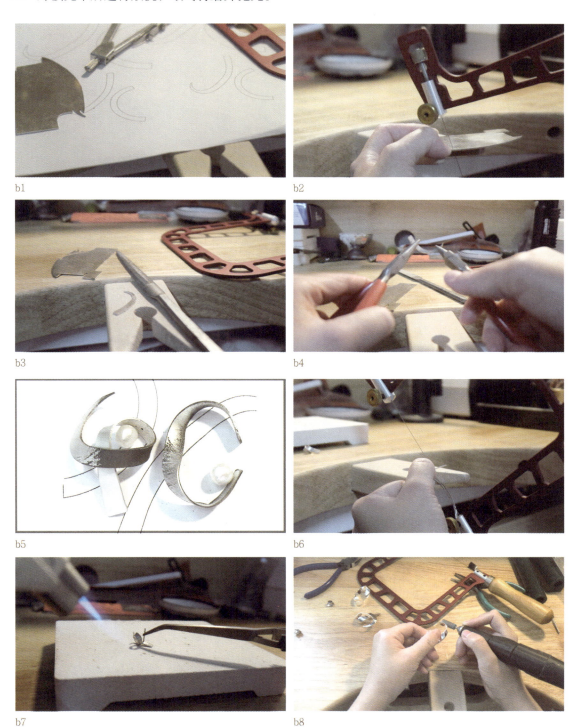

b1

b2

b3

b4

b5

b6

b7

b8

三、作品《深圳节奏》　作者：袁塔拉

制作灵感：

深圳是一座具有高包容度的城市，有着极高的多元文化融合度，吸引着大量的年轻人来这里实现自己的梦想。作者对这座城市未来的发展充满憧憬，以系列胸针作品来表达对这座城市的感情。作品以"无限"符号作为设计元素，以锻打工艺制作，构成流线抽象的造型，意在呈现这座城市的生活节奏和未来无限发展的空间。（图3-43）

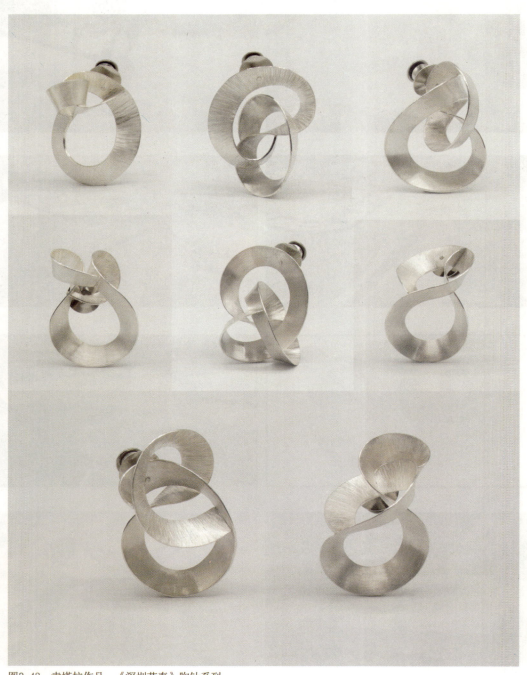

图3-43　袁塔拉作品　《深圳节奏》胸针系列

材料工具：

银片、银丝、针扣、酸洗池、锯弓、锉刀、金工锤、四方砧铁、砂纸、焊片、硼砂、镊子、火枪、喷砂机。

制作步骤：

c1. 锯切一块100mm×8mm的银片，并对银片进行退火和淬火。

c2. 将银片放于四方砧铁上，将四方砧铁放到木墩上，选择一把金工锤。

c3. 沿着银片外的边长，用锤子将银片沿着外边长密集地锻打三遍，然后退火再锻打三遍。

c4. 继续将银片退火后锻打三遍，银片延展成半圆。

c5. 对银片进行退火处理，继续重复两次c4步骤。

c6. 将银片放在牛角砧铁上，继续锻敲三遍，银片已经延展成圆圈状。

c7. 把已经延展成重叠圆圈的银片进行退火。

c8. 继续锻打银片，使银片继续弯曲延展。

c9. 将重叠两圈的银片进行退火。

c10. 退完火后，银片比较软，可以徒手对银片进行初步弯曲造型。

c11. 将银片首尾结合处用钳子夹紧。

c12. 取一段银丝，用剪钳剪出8m长的一段。

c13. 将银丝插入锁嘴针，用锉刀把银丝一端锉修成锥状，再用砂纸轮打磨。

c14. 在胸针主体的背面焊上银针。

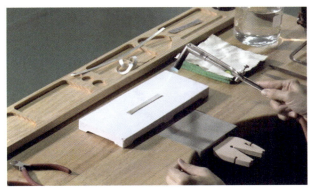

c1

c2

c3

c4

c15. 对胸针进行喷砂处理。

c16. 用铜扫刷打磨整个胸针。

c17. 完成胸针制作。

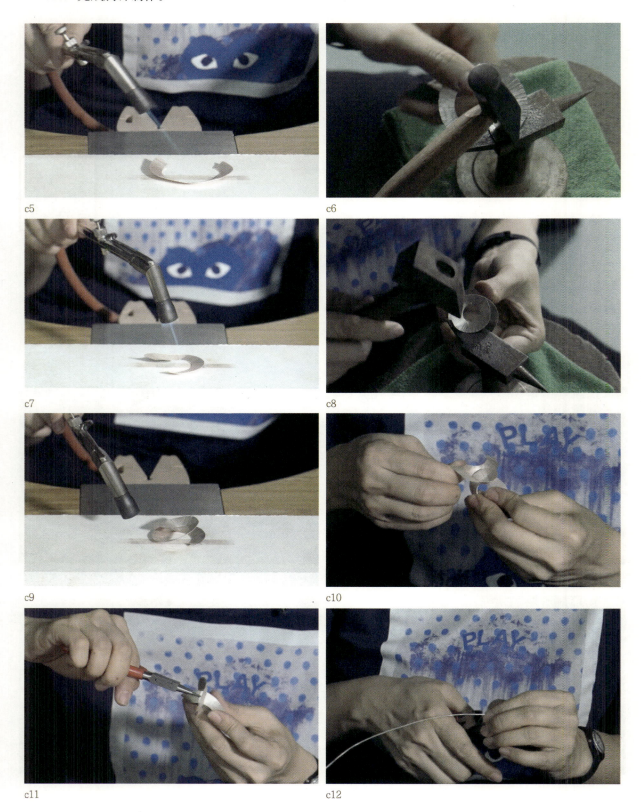

c5

c6

c7

c8

c9

c10

c11

c12

c13

c14

c15

c16

c17

四、作品《木棉》　作者：曹毕飞

制作灵感：

　　作品基于自然形态元素的主题工作坊，作品原型灵感来自深圳职业技术学院校园里凋落的木棉花，落花为橙红色，花形为不对称造型。运用金属锻打工艺制作花的基础大造型，用尖头锤制作花瓣上和花蒂上的肌理。运用油性彩色铅笔上色，用红橙白的过渡色描画整个花瓣，花蒂用绿黄色调，整体色调变化微妙，极富秋天的色调。（图3-44）

图3-44　曹毕飞作品　《木棉》胸针

材料工具:

紫铜片、油性笔、油性彩色铅笔、锯弓、锉刀、尖头锤、酸洗池、镊子、火枪、喷砂机、做旧膏、透明喷漆。

制作步骤:

d1. 在紫铜片上绘制图案。

d2. 沿着图案线条锯切出紫铜片。

d3. 用锉刀锉修紫铜片边缘。

d4. 将紫铜片进行退火。

d5. 将紫铜片放入酸液中酸洗。

d6. 在需要下一步锻打的区域画上线条。

d7. 用尖头锤沿着线条密集锻打数遍,直至紫铜片略微呈凹状。

d8. 将紫铜片进行退火。

d9. 继续重复d7步骤,对紫铜片进行锻打。

d10. 将紫铜片进行退火。

d11. 将紫铜片侧立,用胶锤沿着边缘敲打。

d12. 再一次将紫铜片退火处理。

d13. 继续对紫铜片的造型进行调整,直至紫铜片的开合边缘闭合。

d14. 将成型的作品进行喷砂处理,清洗擦干,准备上色。

d1

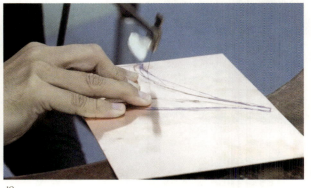

d2

d3

d4

d15. 挑选准备上色的油性彩色铅笔，均匀地在作品表面涂色。

d16. 继续上色直到整个表面都画满，注意不要用手直接握拿作品，可以用纸巾垫着拿。

d17. 用开水稀释做旧膏，然后戴上手套将作品浸入做旧液，直至作品内外表面均匀发黑，捞出晾干。

d18. 用透明清漆均匀喷涂整个作品，并晾干，完成制作。

d5

d6

d7

d8

d9

d10

d11

d12

d13

d14

d15

d16

d17

d18

五、作品《蛙》　作者：宋曦

制作灵感：

作品图样灵感源自热带丛林蛙，运用掐丝珐琅工艺制作，制作过程为设计—掐丝—打底—粘丝—烧丝—上色—烧制—重复上色烧制—打磨—清洗—返烧，是典型的基于珐琅工艺出发的作品。（图3-45）

材料工具：

银底托、银扁丝、珐琅釉料、胶水、镊子、磨石、木柄铲、三脚支架、耐火砖、马弗炉、电动牙刷。

制作步骤：

e1. 将青蛙线稿打印并贴到银底托上，辅助掐丝的制作，用镊子夹

图3-45　宋曦作品　《蛙》

起银扁丝，用指甲钳剪一小段。

e2. 用镊子夹一段银扁丝立在青蛙图案的线条上。

e3. 用食指压着银扁丝一端，另一端用镊子对银扁丝掐丝塑形，使银扁丝与青蛙图案线条一致。

e4. 重复e3步骤，把整个青蛙图案的线条都用一段段的银扁丝掐出来，并把掐好的丝按图案摆放在已准备好的银托底上，确定好青蛙图案的位置。

e5. 用描笔将透明釉料填到银托底上，均匀地填满整个银托底。

e6. 把填满釉料的银托底放到三脚支架上。

e7. 戴上隔热手套，用木柄铲把放着银托底的三脚支架放入马弗炉。

e8. 大约3分钟后，将银托底取出冷却。

e9. 给银托底再上一层透明釉料。

e10. 再一次把银托底放入马弗炉，再烧制3分钟。

e11. 将所有的银扁丝用胶水粘到银托底上，按青蛙图案排放好，并放入马弗炉再一次烧制3分钟。

e12. 取出银托底冷却，银扁丝已经附着在银托底上，接着继续给青蛙填上彩色的珐琅釉料。

e13. 银底托背景填上蓝色渐变珐琅釉料。

e14. 将银件放入马弗炉烧制3分钟，然后取出冷却。

e15. 青蛙和背景再上一次珐琅釉料。

e16. 继续放入马弗炉烧制3分钟，然后取出冷却。

e17. 整个银托底表面再上一次透明釉料。

e18. 把银托底放入马弗炉烧制3分钟，然后取出冷却。

e19. 准备180目、400目、600目、800目、1000目的磨砂棒。

e20. 依次用低目数到高目数的磨砂棒，对银件表面进行打磨。

e21. 用电动牙刷打磨釉面。

e22. 再一次放入马弗炉烧制5分钟，然后取出冷却，制作完成。

e1

e2

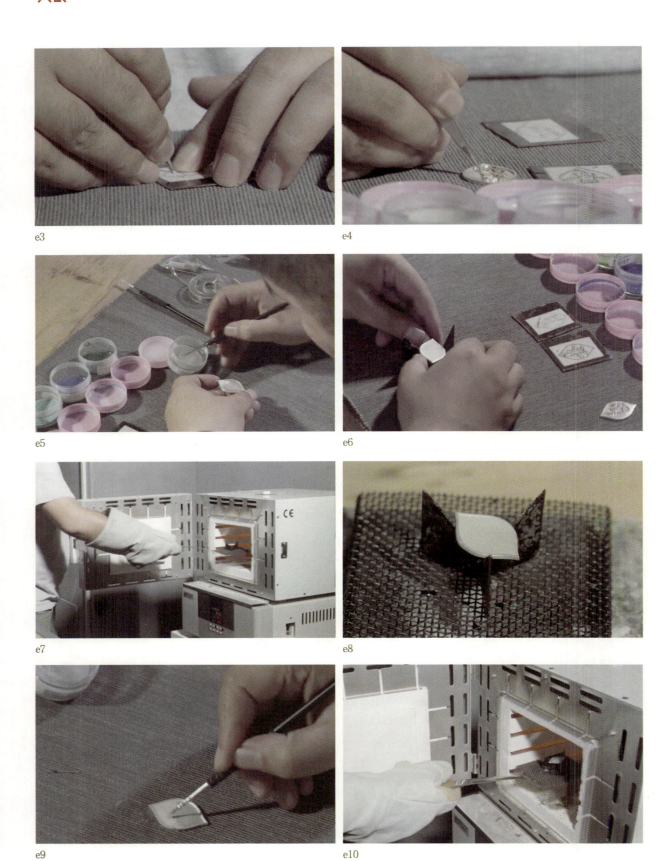

e3

e4

e5

e6

e7

e8

e9

e10

e11

e12

e13

e14

e15

e16

e17

e18

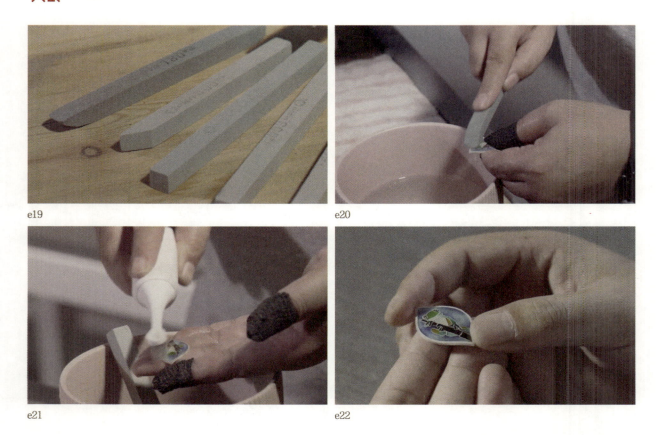

e19

e20

e21

e22

六、作品《甲》 作者：陈奕锴 指导老师：袁塔拉

制作灵感：

以穿山甲为设计灵感，单片的造型来自穿山甲的鳞片，将硫黄做黑的铜片有规律地排列，并与穿山甲的黑褐色作为主基调。项链链子部分用皮绳编织而成，意味着被束缚、被贩卖的穿山甲。铜片的单片是很脆弱的，但把铜片用皮绳串起来，就可以变得坚硬。同样地，这也暗示着穿山甲是需要人类保护的濒危野生物种，我们得像串绳子一样把它们串成一个整体，保护起来。

利用铜片之间结构的反复剐蹭，磨掉局部的黑色，露出部分铜本来的颜色，彰显出破旧的感觉，也表达了穿山甲这个物种已经濒危，表现了被剥去鳞片后的穿山甲，露出了甲下面伤痕累累的皮肤，需要人类加以救护和保护。（图3-46）

图3-46 陈奕锴作品 《甲》项链

材料工具：

紫铜片、皮绳、固体胶、砂纸轮、做旧膏、锯弓、尖嘴钳、吊机、喷砂机。

制作步骤：

f1. 把设计单片甲形图打印出来，准备好工具。

f2. 把设计图粘到紫铜片上，用锯弓锯出设计图样。

f3. 锯切数个单形紫铜片，量多可以借助激光切割。

f4. 然后把所有紫铜片进行喷砂处理。

f5. 把所有紫铜片进行做旧处理，并清洗擦干。

f6. 将所有紫铜片边缘打磨光滑。

f1

f2

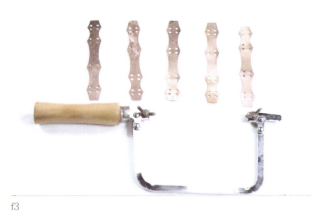

f3

f4

f5

f6

f7. 用钳子把紫铜片弯曲出所需造型。

f8. 用皮绳将弯曲好的紫铜片穿起来。

f9. 将穿起来的紫铜片进行造型尝试。

f10. 确定最终造型,并构思佩戴功能,编织皮绳,完善最后项链的细节。

f7

f8

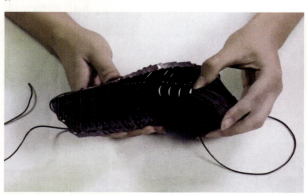

f9

f10

七、作品《刺》   作者:吴妙欣   指导老师:袁塔拉

制作灵感:

刺,在有形与无形之间;刺,于有形,于无形。有形的存在如植物的茎、动物的外形;无形的存在如生活、人生。根据这些看似具体的人、事、物,用抽象的作品表达自己的一种状态。以自己为点,能够发现生活中有一个无形的刺围绕着自己,即使痛苦着、挣扎着,也还是一如既往地向前行。(图3-47)

材料工具:

黄铜片、铜丝、剪钳、尖嘴钳、焊枪、台钻、碰焊机。

制作步骤:

g1. 在黄铜片上画好单片甲形图,标好所有打孔的位置,依次用台钻钻孔。

图3-47 吴妙欣作品 《刺》胸针

g2.　对所有黄铜片进行退火处理。

g3.　用尖嘴钳把黄铜片弯成所需弧度。

g4.　把黄铜片进行造型排列。

g5.　用铜丝把所有黄铜片按排列穿起来。

g6.　构思作品造型。

g7.　将造型做延展。

g8.　最后完善造型细节，修剪铜丝，末端用碰焊机碰圆，制作背针，最后电镀。

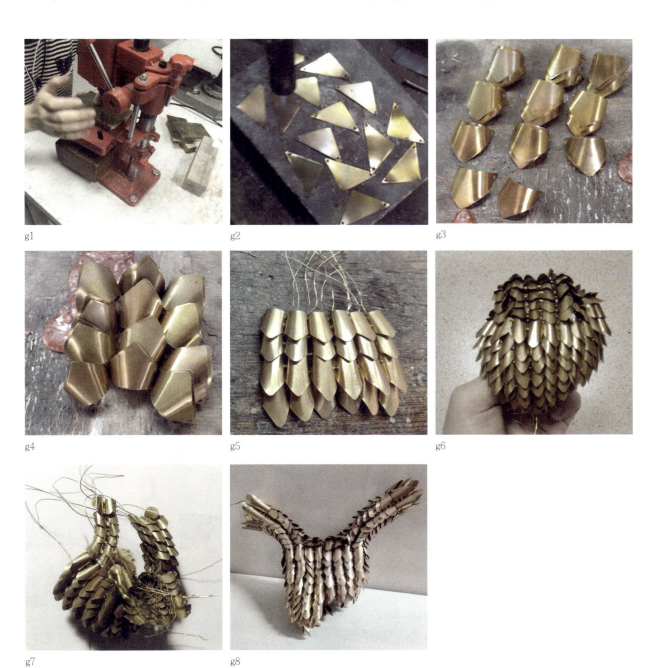

g1

g2

g3

g4

g5

g6

g7

g8

八、作品《囧》 作者：徐锦宏 指导老师：袁塔拉

制作灵感：

《囧》灵感来源于各个地区的图腾和脸谱，在传统的脸谱、图腾造型上加以现代首饰艺术简约的设计概括造型，利用锻造錾刻工艺表现，系列作品主张线条流畅，造型简练得体，錾刻传统工艺与现代首饰概念相结合，制作出有趣的造型。《囧》系列共分为五个小系列，分别是平、古、旧、油、圆。每个系列的每一张脸都赋予名称与小故事：平海怪、古三黑、旧四哥、油兄弟、歪瓜、裂枣、圆平凡。（图3-48）

图3-48　徐锦宏作品　《囧》项链

材料工具：

紫铜片、铜丝、银焊药、尖嘴钳、焊枪、台钻、窝珠、窝作、錾子、金工锤、火漆碗、镊子、透明清漆。

制作步骤：

h1. 对紫铜片进行退火处理。

h2. 用圆坑铁和圆头锤将紫铜片敲成碗的形状。

h3. 对紫铜片进行退火处理。

h4. 将紫铜片放在窝作上继续敲形。

h5. 再次对紫铜片进行退火，加热火漆。

h6. 将已经敲成碗形的紫铜片放到火漆上，用镊子推压紫铜片，直到紫铜片与火漆贴合，用镊子标出需要錾刻的基线。

h7. 用錾子对细节进行錾刻。

h1

h8. 加热紫铜片后翻面进行錾刻，背面錾刻完毕后再次加热，把紫铜片取下。

h9. 加热火漆碗，把紫铜片正面朝上固定在火漆上。

h10. 继续用錾子对细节进行细化。

h11. 完成錾刻部分，将紫铜片翻面放到四方砧铁上，继续把平面的部分敲平。

h12. 完成作品的外形制作。

h13. 打磨抛光作品。

h14. 用高温对作品表面进行烤色。

h15. 用清漆喷涂整个作品。

h2

h3

h4

h5

h6

h7

h8

h9

h10

h11

h12

h13

h14

h15

参考书目

[1] 赵丹绮，王意婷. 玩金术1 [M]. 上海：上海科学技术出版社，2020.

[2] 伊丽莎白·波恩. 国际首饰设计与制作：银饰工艺 [M]. 北京：中国纺织出版社，2018.

[3] 徐禹. 首饰制作技法 [M]. 北京：中国轻工业出版社，2020.